戦争社会学ブックガイド

現代世界を読み解く132冊

野上元 Gen Nogami　福間良明 Yoshiaki Fukuma ［編］

創元社

戦争社会学ブックガイド——現代世界を読み解く132冊——

目次

introduction 戦争社会学とは何か（野上元）……9

第一部「戦争社会学」への招待——戦争を社会学的に考えるための12冊

第二部　戦争を読み解く視角

第一章　戦争・軍隊・社会

第二章　戦時下の文化――知・メディア・大衆文化

第三章　体験の理解と記憶の解釈

introduction

戦争社会学とは何か

野上元

「ブックガイド」という試みとしての「戦争社会学」

本書はブックガイドの形式をとった「戦争社会学」の教養書、あるいは専門的探究に進むための入門書である——と書くと、実はあまり精確ではない。「戦争社会学」という学問は、まだ（少なくとも我が国では）存在していないからだ。もちろんどのようにそれを定義したり説明したりするかにもよるけれども、例えば「戦争社会学」を「戦争という特定の研究対象を専門的に探究する社会学の学問分野」と定義しても、そのように自分の専門を名乗っている社会学者はほとんど皆無といってよく、社会学のサブカテゴリーや、スタンダードとされる社会学の教科書・「講座」のシリーズ等で、「戦争社会学」が名乗られることはまずない。また、各大学での講義名で（サブタイトルや特殊講義としてはともかく）これをみたことはない。それなのになぜ、このような本が編まれる必要があると考えたのか。

専門領域が確固としてあるわけではないけれども、もう少し緩やかに「何らかのかたちで戦争という現象・状況に関連した社会学的探究」というくらいにすれば、かなりの数の研究者がそれに関与し、著作や論文が生産されていることが分かる。社会学会の一般報告部会でも、関連した報告を集めた部会が多くなってきた。特に顕著なのは、戦争に関係するテーマを研究対象に選ぶことに忌避感のない若い世代の研究者や卒論・修論を書く学部生・院生たちだろう。本書の企画の背景には、このような観察がある。

そのようななか、気になってしまうのは、戦争という現象を探究の対象とするときに特定のテーマばかりが反復されているようにみえることである。そうしたテーマが頻出するのは、もちろんその重要性ゆえのことであるけれども、一方で、それを扱うことの意味が（当人のなかでは）自明化してしまい、戦争という幅広い現象を扱っているにも関わらず、そうしたことが意識されずに、課題が局所化され限定されがちな傾向が感じられる。けれども、戦争体験への理解や「戦争の記憶」の解読作業は、戦争の歴史的な形態への考察や戦争を支えた社会構造の分析と無関係に進められるべきではないし、逆に、戦争という現象をマクロに捉えようとする社会学的な探究においても、戦争体験という当事者の局所的な観察や「戦争の記憶」の継承作業の意味を軽視するべきではない。

ただ、だからといって、本書は、そうしたことを背景に、何らかのかたちで制度化された「戦争社会学」の確立や体系化を目指して、専門領域の画定や問題関心・前提知識の共有をめざすために編まれたものではない。戦争という対象はあまりに巨大であり、あまりに多様な側面を持ちすぎているので、（いくつかの例外を除けば）かたい教科書や閉ざされた領域を創るべき対象ではないように思われるのだ。そうではなく、本書は、戦争に関する社会学的探究の数々を列挙し、中規模の問題領域のなかで結びつけるとともに、それらの問題領域の数々を並べて、いわば戦争という現象を探究するためのアイディアのネットワークを作りあげることに目的がある。

本書がブックガイドの形式をとったのは、「アイディアのネットワーク」なるものを可視化するために、書物という存在の単位性や具体性、あるいは参照のしやすさが非常に有効だと考えたからである。

「戦争社会学」の成立のしがたさ

だがそれにしても、本書でもその一端が示されているように、戦争に関連した社会学的探究がこれだ

け数多くある一方で、戦後日本において、なぜ「戦争社会学」という領域が確固としては存在してこなかったのだろうか。[ii]

社会学を少し離れ、人文社会科学の諸領域を探ってみれば、戦争や戦争体験を主題化してきた文学研究や思想史研究、戦時体制や戦間期社会、占領政策や再軍備を扱う近現代史学や政治学、安全保障や暴力の問題を広く扱う国際関係論や平和学まで、戦争を対象とすることは決して珍しくない。もちろん、本書の試みは、それらとの連携を重視すべきだと考えている。本書でも、書店や図書館の（やむない）分類でいえば、歴史学や文学、政治学の棚に置かれるような書物を数多く取り上げている。

それらと連繋しつつ、それでは、戦争に関して社会学には何ができるだろうか？ それを緩やかなかたちで示してゆくことが、本書の試みである。

一方、例えばアメリカの社会学においては、戦争社会学（war sociology / sociology of war）――というよりも軍事社会学（military sociology）が、それほど違和感なく社会学の一領域として成立している。その古典的な分類では、例えば、「軍事的専門職の社会学」「軍事組織の社会学」「軍事システムの社会学」「政軍関係の社会学」「戦争状態・戦闘の社会学」などの下位領域が用意されている。[iii] あるいはSAGE社の雑誌*Armed Forces & Society*は、一九七四年から続く、信頼されている社会学・政治学の学術誌であり、少しページをめくってみれば、社会学の新しい主題が多少加えられている以外は、近年でも上記の分類法が無効になっているようにはみえない。何よりも軍隊は、教育社会学・組織社会学の応用領域なのであるのである（一方、日本においては、軍部・軍人を「ネタ」として扱うビジネスマン向け教養書となる）。そしてまた、軍事という領域は、格好の比較研究の平面を用意するようだ。アメリカ（軍）を範例としつつ、様々な地域・国におけるケーススタディがなされ、編著が編まれたりする。

けれども、それらが孕んでいる割り切りの良さ、軍事を扱うことへのフラットな態度がどうしても気になってしまう。例えば戦後の日本において執念深く取り組まれてきたといえる「戦争体験」は、そこでは軍隊組織の管理、士気の維持という実際的な問題・実証的な課題との関連で扱われてしまう（そうでなければ文学の研究領域とされてしまう）。いわゆる「学際的な」研究を探して、*Postmodern Military* などという書物をみつけたとしても、それはもちろんいわゆる「ニューアカ」「ポモ（＝ポストモダン）」的な研究などではなく、冷戦終結後に生じた各国軍隊の組織の性格変容を冷静に比較研究した論集となっている[iv]。

敗戦の悲惨と戦争犯罪の汚辱に塗《まみ》れ、軍事や戦争を「客観的に」語ることへのタブーが強くあった戦後日本の時空間においては、それらを社会学の対象として通常化《ノーマル》することに対する慎重な態度があったのだろう。繰り返すように、その一方で、戦争体験の意味づけや死者たちの心情の理解に対する執念のようなものが確かにあった。この執念やそこから始まった戦争研究の系譜、あるいはその重要な問題提起を、本書は取りこぼさないようにしたいと考えている。

本書の構成

ここまで述べてきたような現状認識と企画意図とに合わせて、本書は次のような構成をとっている。まず第一部「『戦争社会学』への招待」では、編者たちがぜひとも読者に紹介したいと願う一二冊の書物を紹介する。これらの書物は、引用されることの多い基本文献という基準からではなく、それぞれがなんらかの一つの「世界」を作り上げたもの、作り上げようと試みているもの、という基準で挙げさせてもらった。特定の領域を「代表」するものでもなく、（実はこのなかに拙著も選んでしまったので、こう書くのはかなり気恥ずかしくもあるのだが）何らかの興味関心を持った読者がこれらに触れれば、みている「風景」が必ず変わるような書物、あるいは別のいい方をすれば、読むことがその人にとって「できごと」になるに違いないという「作品」となっているものを紹介している。

そして第二部「戦争を読み解く視角」では、いくつかの書物をグループにしながら、戦争という現象に関連する社会学的な問題領域の存在を浮かび上がらせてゆく。注意して欲しいのは、各項目に挙げられている書物のそれぞれは、明らかに関連性のあるものが並べられていることが多い一方で、直接の類縁関係をすぐには見出しにくいものも少なくないということだ。意外な組み合わせが、何か考えるべき領域、探究を成立させる「場」を開くのではないかと考えられている（そういう意味では、この方針により、各項目の執筆者に相当の負担をかけてしまっていることを明記しておきたい。また、著者自身に「戦争社会学」としての位置づけを改めて提示してもらうべく解説していただいている場合もある）。

その一方で、本書では、「特定の地名」を冠した研究領域を、自明なものとしては認めていない。もちろん、戦争社会学のブックガイドとして、そこに違和感を認める人も多いかもしれない。地名を冠した研究領域に、相応の固有性があることは否定できないし、それらが投げかけた問題の重要性を維持したいと考えるけれども、だからこそむしろ本書では、それらの固有性を「地上戦」や「空爆」「戦場」「トラウマ」「戦争遺跡」あるいは「『加害』と『被害』」「責任と倫理」「語りえぬもの」といった用語や問題領域へと「開き」、接続の可能性を更に広げていこうとしている。

第二部の各章にはオーバービューが用意されているので、それぞれのあらましはそちらに譲ることにしたいが、以下では主に、各章の配列の意味やそのあいだの関係を説明しておくことにしたい。

第一章「戦争・軍隊・社会」では、戦争を歴史的に捉える大きな枠組みから始まり、特に二〇世紀の

「総力戦」を捉える枠組みを考えてゆくための場を開こうとしている。二つの世界大戦は、社会のありようを大きく変え、戦後の「豊かな社会」の制度的基盤を準備すると同時に、近代の理想を破壊し、「現代」を形作ってゆく。

第二章「戦時下の文化――知・メディア・大衆文化」では、戦時下の社会についての研究領域を紹介してゆく。ここでとりあげている各項目が戦争の探究において重要な領域になるのは、「マス」を把握し操作してようとするメディアや大衆文化・知識の影響力の大きさに対する注目というだけでなく、さらにそこに、メディアや知の作用によって創り出される「公共性」と戦争との密接な共犯関係が色濃く表れるためである。つまり第一章では、「総力戦」という戦争の歴史的・社会的な位置を探り、第二章では、その実際の作動を主に日本の総力戦体制下のメディアと知識・文化において観察しようとする。

では、その結果、そうした戦争はどのように体験されたのか？　続く第三章「体験の理解と記憶の解釈」は、そうした戦争に「負けた」後の社会である日本社会に注目しながら、「戦後思想」という軸を意識しつつ、「戦争体験」や「戦争の記憶」をどのように表象したり意味づけたり理解しようとしてきたのか、継承／断絶してきたのか、という試みについて紹介してゆく。

そして本書の最後におかれた第四章「戦争の〈現在〉――歴史の重みと不透明な未来」では、冷戦終結以後のいわゆる二一世紀的な「新しい戦争」を理解するために各項目が並べられている。二〇〇一年の同時多発テロやいわゆる「テロとの戦争」宣言以降、何か全く新しい形式の戦争が始まったと考えられ、混乱のなかで様々な整理が試みられたけれども、二一世紀の戦争の形式である「新しい戦争」は、突然始まったわけではない。

かつて大衆社会を高揚させた「プロパガンダ」は、世界市民を憤慨させる「戦争報道」へと姿を変え、「戦死者の神格化／戦争体験の神話」は「戦争責任の果てしなき再審」へとかたちを変えている。軍部・軍人たちの目指した軍事的啓蒙は、文化・娯楽としてのポップなミリタリーカルチャーを生みだした。冷戦は世界戦争を「地球村」の東西対抗の内戦としてしまう。戦時期に煽られた敵国民への計り知れない憎悪は、悪魔化された敵指導者へと限定して向けられるようになり、戦争の最終目的を、彼の「逮捕」「裁判」「処刑」にしてゆく――。

こうしたことが、第二次世界大戦後（＝冷戦という戦争の「戦時中」）より、ゆっくりと進行していった。二〇世紀の「新しい戦争」であった総力戦は、その後、あらゆる社会的領域に浸透してしまったがゆえに、逆に、捉えにくいもの、特定しにくいものになってしまう。換言すれば、社会に呑み込まれてしまった、あるいはこういって良ければ、社会を消化し同化してしまったのである。第三章までの「戦争」との対比を意識したうえで、二一世紀の現在における「新しい戦争」の「新しさ」の意味について、もう少し考えなければならない。過去を知るのは現在を知るためである。それらはやはり、社会学の課題といってよいのではないか。

「戦争」についての探究を閉塞させないために

アジア太平洋戦争の体験者たちは次々と亡くなっており、戦争の形態は変わってしまっている。「過去への反省」という政治的課題を除けば、あの戦争はすでに「歴史」となり、我々の実感から遠い、よそよそしいものになっている。

そう考えたくないのが、本書である。我々の多くは冷戦の体験者（生き残り）であり、二一世紀の「新しい戦争」の当事者である。（「冷戦体験を風化させてはならない！」）そうした意味で、過去の戦争への探究と現在の戦争への探究とを繋いでゆくことに意味を感じていただければ、それは編者たちが意図したところである。

もちろん本書は、ここに挙げられたすべての書物――あるいは編者たちの能力や勉強の不足等の理由によって、残念ながら今回とりあげることのできなかった無数の書物も含め――に対する敬意や愛着によって成立している。そしてその配列は、本書というかりそめのかたちを与えられているけれども、やはり一瞬のものであるはずであり、任意のものでしかない。これを崩すことでまた何かが産み出されていくことをみることができれば、編者たちにとって、もちろんこれ以上の喜びはない。

i 特に一九九〇年年代後半からのこの傾向については、野上元「テーマ別研究動向（戦争・記憶・メディア）」『社会学評論』第六二巻二号・二〇一一年）を参照されたい。

ii 注iで言及した「分野動向」では、戦後日本社会学における「戦争体験」論の系譜や、そうした文脈のなかで「戦争社会学」「軍事社会学」を構想しようとしている高橋三郎の試みを紹介している。

iii Lang, Kurt, *Military Institutions and the Sociology of War:a Review of the Literature with Annotated Bibliography*, SAGE, 1972. における分類。

iv Moskos, Chales et al.(eds), *The Postmodern Military:Armed Forces after the Cold War*, Oxford UP, 1999. この書で提示されているチャールズ・モスコスの整理は、それでもやはり「ポストモダン」といわざるをえない軍事の現在を一望するパネルとなっているので、興味がある向きには参照されたい

v 戦争社会学の「古典」という言い方も可能なのかもしれないが、ここまで強調してきたような「戦争社会学」の成立しがたさもあるし、著者が存命中のものも含まれている以上、「古典」とはいえないだろう。

第一部　「戦争社会学」への招待——戦争を社会学的に考えるための12冊

戦争を社会学する

ロジェ・カイヨワ（秋枝茂夫訳）『戦争論――われわれの内にひそむ女神ベローナ』
法政大学出版局・一九七四年

社会学における戦争の不在

戦争は、人類にとって普遍的なできごとであると同時に、社会を基礎付け、また社会を変容させる契機ともなる。この意味で、戦争は、社会学という分野にとって決定的なできごとである。したがって、「戦争を社会学する」とは、戦争に関する社会学あるいは戦争の社会学という社会学の一分野を構想することではない。それは、社会学の根本問題のひとつなのである。

しかし、社会学では、ほとんどの場合、あたかもまったく戦争が起こっていないかのように世界がイメージされている。二〇世紀は、ふたつの世界大戦に代表されるように、戦争の世紀だといっても過言ではない。社会学者は、この事実にはなかなか目がいかないのである。この点について、マンは、「第二次世界大戦以後の欧米を支配したのが常ならぬ地政学的・社会学的平和の時代であったために、社会学は近代社会における軍事組織の重要性を無視するようになってしまった」と指摘する（マン『ソーシャルパワー』四四頁)。こうしたなか、いち早く戦争が近代社会の形成と深く関わっている点について考察した人物がいる。それがロジェ・カイヨワである。『戦争論』として邦訳されたカイヨワの *Bellone ou la pente de la guerre*（原著は一九六三年）は、戦争こそが今日われわれが生きる社会を生み出したことを明らかにしている。

民主主義と戦争

カイヨワは、戦争にはふたつのタイプがあるという。ひとつは、「貴族の戦争」である。騎士や武士などの階級が、原則として一騎打ちで「正々堂々」勝負する戦争である。貴族の戦争には明確なルールがあり、ある意味で競技的な性格を持つ。不必要な殺害を嫌い、場合によっては戦闘そのものを避けようとすることが望ましいとされる。したがって、殺害を効果的に行う銃のような破壊兵器は極力使用しないようにする。つまり、貴族の戦争では、敵に対して容赦ない戦いを挑むことは、倫理的に許されないし、敵に対して一定の尊敬の念を持って戦うことが善しとされる。

貴族にとって、武器とは剣のことである。火薬などを用いた兵器と歩兵の動員に対して、騎士たちは抵抗してきた。しかし、それは、しだいに敵を殲滅させる近代戦争にとって代わられる。貴族にとって、歩兵は従僕にすぎない。しかし、その歩兵たちが、みな平等に銃を持ち、組織的に戦えば、貴族に打ち勝つことができる。フランス革命は、こうした点で、決定的な意味を持っている。「革命はこの銃砲の進歩と歩兵の進歩の上にたって、大衆動員により歩兵をつくり、普通選挙制によって市民をつくった。すなわち、自由人と何らかの形での自由擁護者とを、つくり出したのである」(六三～六四頁)。

カイヨワによれば、市民、自由のような近代社会における価値は、実は兵器の進歩と歩兵戦の重要性の拡大という戦争の質的変容が生み出したものである。愛国心は、歩兵が市民として選挙権を行使し、政治参加が可能になることで生まれ、歩兵＝市民が自らの意志で国家のために戦うようになる。「熱意のこもった、仮借なき血なまぐさい」「本気の戦争」が、「民主主義社会で行われ」ていくのである（八二頁）。

戦争と聖なるもの

カイヨワは、祭りと戦争の類似性についても比較考察し、かつて祭りが担っていた社会的機能を戦争が果たすようになったと指摘している。祭りにおいても、戦争においても、日常生活では許されないことが、逆に推奨されるようになる。「日常の法に反するような、度はずれた、犯罪的な行動をするよう義務づけられ」、まさに「道徳的規律の根源的逆転」が起こるのである。そして、「神的なものをあるいは死を身近なものとする人間は、自分が偉大なものとなったのを感じる」（二四〇頁）。

第一次世界大戦に精鋭部隊の将校として参加したエルンスト・ユンガーの思想は、この点を端的に示している。戦争が技術によって高度化すると、兵士は巨大な戦争機械の単なる歯車にすぎなくなってしまう。貴族戦争にあった個人の武勇伝はもちろん、近代戦争が生んだ自由で平等な個人の価値も、二〇世紀に入ると失われてしまう。しかし、ユンガーは、二〇世紀の戦争では個人としての尊厳が完全に否定され、無惨に死んでいくだけだとは考えなかった。まったく反対に、戦争が過酷になればなるほど、戦争が人生に意味を与える唯一の源泉になると考えたのである。ユンガーによれば、戦争は「決定的な啓示」であり、戦争によって人生は「神々を喜ばしめるところの崇高にして血みどろな遊戯」になる。

世界には「根本原理」を構成する力があり、その前で、いかにあがこうとも、いかんともしがたい。

戦争を行う人間も、この根本原理に動かされているにすぎない。ユンガーは、この事実を受け止め、積極的に戦争に参加するべきだというのである。ユンガーの説は不気味であり、しかも、それは巧みな文学的表現によって増幅されている。

戦争と個人の行方

ユンガーの不気味な戦争論は、近代社会における個と全体の関係が孕む問題を極端なかたちで表現している。近代国家においては、誰もが平等に個人としての権利を持つようになる。カイヨワは、それは戦争によって生み出されたものだと考えている。しかし、仮に戦争がナショナリズムを高揚させ、国家に一体感の幻想を与えるとしても、戦争がない場合には、日常生活において、個人は孤立している。個人と社会のあいだに乖離が存在し、それを埋め合わせるのは難しい。そもそも、社会学の出発点に、近代社会において個人が孤立化し、その結果、秩序が不安定になっているという認識がある。カイヨワの視点に立てば、戦争が生み出した民主社会は、戦争状態にあることを必要としており、平和が訪れると同時に、ふたたび個人は孤独に苛まれるということになる。

現実には、軍隊に入ることで孤独から解放されるわけではない。戦争の肥大化は、むしろ個人として戦争に参加することの不条理を浮き彫りにする。カイヨワは、第一次世界大戦から戦争がしだいに「全体戦争」の様相を帯び、大量の兵器が投入され大量の兵士が動員される点を指摘する。軍隊は「魚やイナゴの大群」に似たものとなり、「一人一人の兵士は」「見分けのつかぬものになってしまう」(一九一頁)。

しかし、原子爆弾のような核兵器の破壊力を知った現在、かつての「全体戦争」さえ、牧歌的な戦争に見えてしまう。『戦争論』は、一九六三年に描かれているが、その結論部分におけるカイヨワの予測は、湾岸戦争からイラク戦争にいたる現代の戦争の性格を見事に言い当てている。戦争は、しだいに「戦闘」ではなくなるとカイヨワはいう。無名の兵士が大量に動員され、過酷な戦闘に向かうことさえなくなり、戦争はいわば「発明家対発明家、研究室対研究室、研究所対研究所の抗争として現れる」（二六二頁）。
すでに、広島、長崎の原爆被害において見られたように、核兵器や化学兵器は、軍隊と市民を区別することなく、環境そのものを破壊してしまう。戦争、あるいは戦争を生み出す「力」は、国家が意識的に制御することさえできなくなる。

現代の戦争には、人間的な意味での原因はもうあり得ない。それは、計り難いほどの膨大な物量の、ゆっくりとした、しかし抗し難い運動により、運ばれてゆくかにみえる。一旦この運動がはじまってしまうと、もうその動きを止めることはできない。（二六四頁）

拮抗する戦力を持った国家間の戦争ではなく、「国連軍」の名の下に、イラクのような一地域を劣化ウラン弾で爆撃するのは、まさにカイヨワが予測したように、戦争という国家の制御を超えてしまう巨大な装置が、世界的規模でその力を行使しているかのように見える。テロリズムもそのなかで生まれる。現代のテロリズムは、科学技術の成果をうまく利用しながら少数で攻撃するからである。カイヨワの理論に基づけば、アメリカやそれに追随するその他の国家も、テロリストも、眼に見えない巨大な力で突き動かされ、戦争に駆り立てられているにすぎない。カイヨワは、この動きを止めるには、教育の力しかないというが、それに続けて、それは微力であり、その効果はすぐには現れないことを考えると「恐怖から抜け出すことができないのだ」といい、『戦争論』を終える。

（荻野昌弘）

超国家主義

丸山眞男『増補版　現代政治の思想と行動』未來社・一九六四年〔新装版〕二〇〇六年

丸山眞男の戦争体験

丸山の戦争体験は、より正確には軍隊生活体験である。丸山は、一九四四年七月に二等兵として召集され、一〇月には病気のため召集解除となり、一九四五年三月に再び召集され、九月に一等兵で召集解除となる。一九四四年の召集では、松本の歩兵第五〇連隊補充隊に入り、平壌の歩兵第七七連隊補充隊に転属。次いで平壌の第一航空教育隊に入ることとなった。ちなみに、歩兵連隊はいずれも、丸山の入営以前に南方に配置されており、第五〇連隊は同年八月にテニアン島で玉砕、第七七連隊は同年一二月にレイテ島で壊滅している。他方、一九四五年の召集では、丸山は広島県宇品の陸軍船舶司令部に入り、船舶通信連隊から参謀部情報班に転属、海外情報の収集などを担当した。なお、広島に原子爆弾が投下された際、丸山も被爆し、また八月九日には爆心地付近に出動もしている。

陸軍船舶司令部での任務に関しては、丸山の残した備忘録が、『丸山眞男戦中備忘録』として公刊されている。そして、自身も軍隊生活を体験した石田雄は、同書の解説において、丸山が「通常の内務班という最底辺の生活と、司令部での生活との両方の体験を持つことによって、帝国陸軍の全体構造の上から下までの連鎖的秩序をとらえることができた」と指摘している（一六七頁）。入営時の丸山は、すでに三〇歳を迎え、論文を続々と執筆して、新進気鋭の東京帝国大学法学部助教授であった。豊富な知識と自己の研究方法を獲得していた丸山が、短期間ながらも軍隊生活を実地に体験したことは、たしかに、その日本分析に生々しい臨場感を与えたことであろう。

生活上の解毒剤

とはいえ、この軍隊生活体験がなければ丸山の日本分析はありえなかった、とまでは言えないように思われる。丸山は、以前から日本政治のあり方に強い憤りを感じ、また日本社会のあり方に強い不満を抱いていたからである。しかし、東京帝国大学教官と陸軍兵士という二つの生活体験を持ったことは、日本社会の「上から下までの連鎖的秩序」をとらえさせる機縁ともなって、丸山に、体験に裏打ちされた確信を与えたことであろう。そして、このような確信を持って大日本帝国の病状を分析し、革命的な外科手術が必要との診断を下したことは、丸山にとって、論理的な結論であるのみならず、倫理的な責任を負う決意表明でもあったのである。

実際、丸山の日本批判の弾むような文体には、精神的な鬱屈からの解放感のみならず、過去の自分と訣別しようとする強い意志が感じられてならない。そこでは、それまでの生活の中で見聞し、体験してきたことへの憤激が、ほとばしるような批判となって、過去にたたきつけられている。しかも、その分析作業を通じて、丸山自身が、自己のさまざまな呪縛を打ち破っていくようにも思われるのである。

それは、精神生活上の呪縛としての天皇であったり、超国家主義であったり、あるいは、社会生活上の呪縛としての理不尽な弊風であったりするであろう。そして、丸山に共鳴する読者の側にしても、よくわからなかった大日本帝国での生活が、論理的に解きほぐされて理解可能なものとなり、それによって、倫理的に断罪可能なものとなっていく清涼感を体験したのではないだろうか。丸山による日本分析は、いわば、精神生活上・社会生活上の論理的な解毒剤としての役割を果たしたのである。

政治学の敵としての超国家主義

それでは丸山は、日本をどのように分析したであろうか。本書『現代政治の思想と行動』の上巻は一九五六年、下巻は一九五七年に刊行され、合本した増補版が一九六四年に刊行されて、定本となっている。なお、二〇〇六年の新装版に、実質的な変更はない。第一部「現代日本政治の精神状況」には七篇、第二部「イデオロギーの政治学」には五篇、第三部「『政治的なるもの』とその限界」には八篇の論考が配置されており、すべて第二次世界大戦後に公表されたものである。

第一部冒頭に収録された「超国家主義の論理と心理」において、丸山は、連合国の言う「超国家主義《ウルトラ・ナショナリズム》」は、一九四六年の「今日まで我が国民の上に十重二十重の見えざる網を打ちかけていたし、現在なお国民はその呪縛から完全に解き放たれてはいない」と指摘し（一一〜一二頁）、日本のあらゆる領域に内面的に浸透する、この見えざる敵を打ち破らなければ、日本を変えることはできない、と主張する。丸山は、「国家主権が精神的権威と政治的権力を一元的に占有」することをもって大日本帝国の病根とし、そこから、「国家活動はその内容的正当性の規準を自らのうちに（国体として）持っており、従って国家の対内及び対外活動はなんら国家を超えた一つの道義的規準には服しない」という病状が生じたと分析するのである（一七頁）。

丸山によれば、良心の自由をはじめとする基本的人権が、国家を超えた価値として尊重されなかったり、「国家権力との合一化」（二〇頁）に心理的に依存して、合法的支配の実現よりも天皇との距離の近さに熱心となったりするのは、この病状の具体的な現われに他ならない。さらに丸山は、第三部冒頭の「科学としての政治学」において、「日本の政治の動きかたそのものの非合理性」（三四七頁）を批判し、これでは政治学が活躍する可能性がないと酷評する。すなわち、日本はヨーロッパと異なり、国家体制についての自由な議論が許されず、政治的な意志形成が公的に行われず、ヨーロッパの政治学に基づく科学的分析が行えない、と憤慨するのである。

すなわち、前述の様に政治的統合が選挙とか一般投票とか公開の討議による決定とかいう合理的な、いいかえるならば可測的な（berechenbar）過程を通じてでなく、もっとプリミティヴな原理、たとえば元老・重臣等の「側近者」の威圧とか、派閥間の勢力関係の異動とか、「黒幕」や「顔役」の間の取引（待合政治！）とかいった全く偶然的な人間関係を通じて行われることが多いために、通常の目的合理的な組織化過程を前提した政治学的認識はその場合殆ど用をなさないわけである。従って我国の現実政治を理解するには、百巻の政治学概論を読むよりも、政治的支配層の内部の人的連鎖関係に通ずることがより大事なことと考えられたし、又事実その通りであった。ありあまる政治学的教養を身につけた大学教授よりも一新聞記者の見透しがしばしば適中した所以である。（三四七〜三四八頁）

それゆえ大日本帝国の敗北は、丸山にとって、自己の求める政治学の未来を開く希望となり、その政治社会学的な分析が、真っ先に必要となったのである。

戦争は何を明るみに出すのか

「超国家主義の論理と心理」への一九五六年の追記において、丸山は、「ここに描かれた日本国家主義のイデオロギー構造は太平洋戦争において極限にまで発現された形態に着目して、その諸契機を明治以後の国家体制のなかにできるだけ統一的に位置づけようという意図から生れた一個の歴史的抽象にすぎない」と規定する一方（四九五頁）、「ここで挙げたような天皇制的精神構造の病理が『非常時』の狂乱のもたらした例外現象にすぎないという見解」には、「当時も現在も到底賛成できない」と断言する（四九六頁）。丸山は、戦争において大日本帝国の病根が明らかになった、とするのである。

しかし戦争は、同時代の特徴も明るみに出すものなのではないだろうか。すなわち昭和の戦争は、二〇世紀の戦争として、その時代的特徴をも明らかにしていたのではないだろうか。そして丸山の立場は、超国家主義を公的な敵と宣言して、対立の強度を自覚的に高めるものであり、それ自体、二〇世紀の時代的特徴の一面を体現する「思想と行動」だったのではないか（植村和秀『丸山眞男と平泉澄』）。吉本隆明は、そのきわめて優れた「丸山真男論」において、丸山が荻生徂徠による「儒学の政治主義的な転回」に「科学としての政治学の成立の端緒をみた」と指摘し（二八七頁）、思想そのものよりも政治に評価の重点を置きすぎると批判している。戦争も含めた丸山の生活体験は、まさに政治に重点を置きすぎた時代の体験であり、その時代的特徴は、本書『現代政治の思想と行動』収録の諸篇にも強く感じ取れるものなのである。

（植村和秀）

戦時国家と社会構想

筒井清忠『二・二六事件とその時代——昭和期日本の構造』ちくま学芸文庫・二〇〇六年

「克服の対象は正確に理解しなければならない」

　昭和前期の日本を理解するためには、「時代を中心になって動かしていった集団の理解」（一六二頁）が不可欠である。その枢軸の筆頭に位置するのが昭和の陸軍だ。しかし、中心にあったがゆえに戦後は時代の「悪」を丸ごと背負わされ、なかなか理解の対象にはなりにくかった。「克服の対象は正確に理解しなければならない」（六四頁注七八）。だから対象を厚く覆ってきたラベルやタブーを丁寧に取り除いていく作業が必要になる。やるからには一挙に、そして徹底的にやらなければならない。

　本書の冒頭に「『日本ファシズム』論の再考察」（第一章）が置かれ、第二章以降と比べて明らかに文体の強度が高いのには、そうした理由がある。この第一章のもとになった論文は初出が一九七六年であり、それを取り上げた伊藤隆「昭和政治史研究への一視角」（『思想』一九七六年六月号）を端緒として、いわゆるファシズム論争が起こった。昭和前期を断罪から理解の対象へ——というその後の大きな流れの先端を走った論稿なのである。第一章は、そうした執筆当時の学問状況に思いを馳せながら味わって読みたい（現代の読者に向けて書かれるなら、第一章はおそらく別のかたちになったはずである）。

それまで政治学・政治史がもっぱら扱ってきた領域に真正面から挑むだけに、史料批判と論証の組み立てには周到な注意が払われている。そのうえで本書が立てる社会学的な問いは三十年経っても古くならない。以下にその一端を紹介してみよう。

「彼らもまた大正デモクラシーという時代の子だった」

昭和の陸軍を理解するために鍵となる問いが二つある。ひとつは「原型」への問い、もうひとつは「現実性」への問いである。

陸軍は昭和になって突然変異したわけではない。その萌芽（原型）に遡ることで見えてくるのは一九二〇年代と三〇年代の連続性であり、一九二〇年代とそれ以前との断絶である。一九二〇年代は「日本における大衆社会の原型が成立した時代」（六五頁）であると同時に、昭和陸軍の中核を担う総力戦派の原型が作られた時期でもあった。この同時性は偶然ではない。すなわち昭和陸軍の原型は、一九二〇年代の初め、陸軍エリートの新旧の世代間対立を背景に、世界大戦の思想的インパクトが引き金となって生まれ、大衆社会に即応した平準化志向がそれを後押ししたのである。政治とは一定の距離を置いてきた陸軍にあって（「世論に惑わず政治に拘わらず」軍人勅諭）、国家社会のあるべき未来を構想し、その実現に向けて行動する彼らは、まさにニュータイプといってよい。本書の一・三・四章を読むと、彼らが誕生した背景と勢力を拡大していく過程がよくわかる。

陸軍を動かすエリートになるには、陸軍士官学校から陸軍大学校に進み、加えて成績優秀であることが必要条件だった。しかしそこから先の中央機構の人事は長州閥に支配されていたから、出自とは無関係に業績主義で上がってきた若手将校たちの不満はたまる一方である。この新世代の中心にいたのが永田鉄山（一八八四年生・陸士一六期）や東條英機（一八八四年生・一七期）のグループだった。彼らは駐在武官として第一次大戦後のヨーロッパに滞在した経験から、総力戦の教訓をふまえた日本の国家改造（総動員体制の構築）の必要性を痛感していた。これは人事刷新を急ぐ大義名分にもなった。さらに自分たちには時代の追い風が吹いているという確信があった。

〔中略〕彼らの方向性の二本の柱（人事刷新と総動員体制）はいずれも当時の時代思潮たるデモクラシーの潮流に棹さすものであったことが確認されてしかるべきであろう。「統帥権の殻」を拒み総力戦の内容を国民との一体化に求めるそれ、そして「長閥打倒」はまぎれもなく「閥族打破」を謳う憲政擁護運動のスローガンに連なるものであった。〔中略〕彼らもまた大正デモクラシーという一つの時代の子だったのである。（一七二頁）

一九三〇年代の国難のなかで、社会大衆党と陸軍総力戦派と革新官僚という「意外な」組合せの集団が急接近して、高度国防国家の建設に邁進していくことになるが、いずれも大正デモクラシーという時代の子供たちであることを考えれば腑に落ちる。ベースにある社会主義・総力戦思想・一君万民主義の思想は平準化志向という点で相性がいいのだ。

一九二〇年代と三〇年代の連続性は、近衛新体制運動のイデオローグとなった昭和研究会系の知識人たちにも当てはまる。例えばマイルズ・フレッチャー『知識人とファシズム』は、経済学者の笠信太郎

（一九〇〇年生）、政治学者の蠟山政道（一八九五年生）、哲学者の三木清（一八九七年生）という同時代で最も卓越した知識人たちの学術思想の推移を辿って、そこに転向ではなく一貫性を見出している。大正デモクラシーの成果は、実は戦後社会にではなく、戦時国家として既に実現してしまっていたのだ。

この時期の政治過程と社会変動のあいだのダイナミズムに照準した通史としては、有馬学『帝国の昭和』がお勧め。政治史と社会学、アプローチの方法は違っても到達点は限りなく近いことがよくわかる。

「そこにどの程度の現実性と可能性があったのか」

一九二〇年代に誕生した陸軍のニュータイプ（総力戦派）は、長州閥のような出自で結束するのではなく、国家改造の理想で結束する。人事刷新もその手段であり、業績主義の徹底が目的なのではなかった。これは組織の秩序にとっては危うい。理想による結束は、方法論の違いによって容易に分裂する（皇道派と統制派）。理想のための人事刷新は、方法論の違いによる報復を招く。さらに理想のための中央無視の独断行動は、「下剋上の悪無限的連鎖」（一五一頁）を招くだろう。こうなると、誰もコントロールできなくなる。

国家改造の理想で結束したはずの陸軍内部に、理想実現のための方法論の違いによって亀裂が生じ、それが修復不可能なまでに拡大したとしたら——。こう書くと、連合赤軍の浅間山荘事件（一九七二年）と比べてみたくなるかもしれないが、本書の五・六章を読むと、その「成功可能性」の点で両者のあいだには天と地ほども差があることがわかる。一九三六年の二・二六事件は、たしかに追い詰められた皇道派青年将校による起死回生の試みだった。しばしば私たちは、その後の結果をみて彼らの「無謀さ」に顔をしかめるが、しかし本書はそのように無謀と決めつける先入観に疑問を提示するのだ。

そもそも全目的の達成されなかったクーデター事件の「結果」だけを見てそれを、「空想的・観念的」とするのは疑問が多い。むしろそこにどの程度の現実性と可能性があったのか、という点が検討されねばならないのではなかろうか。（四〇頁）

失敗と成功の分岐点はどこにあったのか。反乱軍鎮圧の御聖断、ではない。首謀者たちにとって、それは想定内である。問題はその先、鎮圧後に内閣が辞職して後継の首班指名と組閣が行われるならば――そこにこそ来るべき革命政権への布石が打たれる。暗殺と工作はその外堀を埋めるべく周到に計画されていた。ところが、先手を打って「時局収拾の為めの暫定内閣と云ふ構想には絶対に御同意なき様に」と強く献策したのが木戸幸一内大臣秘書官長だった。「木戸の献策がなければ、彼らの構想が実現する可能性は極めて高いものがあった」（二九一頁）。

もしこれが成功していたとしたらどうか。つい歴史のイフを空想してしまうが、その先まで見越した議論としては、永井和「「テクストの快楽」――筒井清忠著『昭和期日本の構造』についてのノート」を参照されたい。

（井上義和）

総力戦がもたらす社会変動

山之内靖、成田龍一、ヴィクター・コシュマン編『総力戦と現代化』柏書房・一九九五年

「語の最善の意味における修正主義」

本書はソビエト連邦崩壊の翌年から三年間、山之内靖を代表として行われた国際共同研究「日本社会の変容と日米関係（一九九二〜九四年）の成果であり、英語版（コーネル大学出版社・一九九八年）も刊行されている。巻頭「編集方針について」から、問題意識を示す文章を引用しておこう。

資本の活動が国境を越えてグローバル化し、そのことによって国民国家の権力基盤が動揺しているにもかかわらず、私たちの政治体制も経済体制も、総力戦時代に構築されたシステム統合という基本的性格をいまなお抜け出してはいない。（四頁・傍点は引用者）

私たちがいまだに総力戦体制の中にいるという全体状況を概観した山之内靖「方法的序論――総力戦

とシステム統合」に続いて、第Ⅰ部「総力戦と構造変革」（プリンツのドイツ近代化論、フレックス／ジュソームの日米軍需産業論）、第Ⅱ部「総力戦と思想形成」（コシュマンの大塚久雄論、杉山光信の内田義彦論、成田龍一の奥むめお論、岩崎稔の三木清論、大内裕和の阿部重孝論）、さらに第Ⅲ部「総力戦と社会統合」（雨宮昭一の中間層論、岡崎哲二の統制経済論、佐口和郎の労使関係論、佐藤卓己の思想戦論）と、一二本の個別論文から構成されている。第三刷（二〇〇〇年）から収録された「英語版への序文」にある「語の最善の意味における修正主義」という表現が本書のインパクトを要約している。

それは、何よりもまず戦後史学の戦争観に対する「修正要求」であった。マルクス主義と近代主義の強い影響下に成立した戦後史学はながらく学界主流を支配してきた。そこではアジア・太平洋戦争に帰結した戦前日本の歩みは、欧米先進国と比べた後進性、前近代性にスポットを当てて説明されてきた。それは全体主義の成立要因を前近代の封建的抑圧秩序と絡み合った近代化過程の歪みにもとめる見解である。そのため、戦争の原因とみなされた「封建的遺制」を取り払って近代化することが民主化であると主張されてきた。この戦後民主主義の視点では、敗戦後の改革を起点としてあるべき近代化の道は始まったのである。「八・一五革命」（丸山眞男）と呼ばれるゆえんである。

階級社会からシステム社会へ

しかし、戦時期の実証的研究が進むにつれて、社会格差を温存する大土地所有制度や男女差別など封建的遺制の改革が切実に求められたのはむしろ戦時中であり、さまざまな社会改革が戦争遂行のために開始された事実が判明した。その意味で戦争と近代化は矛盾しないし、戦争は民主化とも共存可能だった。しかし、「平和と民主主義」を旗印とする戦後史学は、故意か無意識かは別として、「戦争と民主主義」の問題系に目を背けてきたのである。戦後のイデオロギーと制度が戦時体制下に形成されたプロセスを多角的に明らかにした本書は、一つの戦後民主主義批判でもあった。

すでに山之内靖は「戦時動員体制の比較史的考察——今日の日本を理解するために」(『世界』一九八八年四月号)で、二つの世界大戦による戦時動員が「意図せざる結果」として、労働者階級や女性・青年などの体制統合を加速化させ、戦後に本格化するシステム社会の起点となったことを指摘している。「戦時＝全体主義」と「戦後＝民主主義」を分断する戦後史学の時代区分に対して、「戦時と戦後に連続したシステム化」を対置したのである。現代化を「階級社会からシステム社会への移行」と定義する山之内は、システム社会化の指標として次の三点を挙げている。

①労使関係への国家介入や、教育制度などにより階層間の流動性を高めることで、国民国家内部の階級対立は社会的に受容可能なレベルで制度化される。

②近代社会は明確な境界線をもった「家族」「社会」「国家」によって構成されていたが、現代化はその境界線を曖昧にする。「社会国家」、すなわち福祉国家の成立であり、家族の「国民化」は私生活の公共化あるいは公共空間の私的空間化をもたらす。

③この結果、階級対立などの社会的紛争は歴史的変動をもたらす主要な動因ではなくなる。つまり、すべての対抗運動がシステム活性化の資源に転化されてしまう。

こうして総力戦が必然化した社会国家体制は、私たちにとって本当に望ましいものなのだろうか。

戦争国家としての福祉国家

総力戦が格差是正、つまり社会的平準化を必然化させるのは、大衆に戦争への主体的参加を求めるためである。「大衆の国民化」を進めるためには、それまで市民社会が抱え込んできた階級や男女の格差を縮減することが必要になる。また、人々が安心して「祖国のために死ぬ（pro patria mori）」ために、行政機構は社会政策によって個人の家庭生活に直接介入するようになった。戦争国家（warfare state）が福祉国家（welfare state）を生み出したのである。また、一九世紀の夜警国家を前提とした市民的公共性は変容し、二〇世紀の行政権力は世論調査という「日々の国民投票」によって大衆感情のモニタリングを開始した。世論調査はマスメディアによる世論報道とセットになり、「監視の内面化」（M・フーコー）は個人の私的領域にまで浸透する。こうしたグライヒシャルトゥンク（強制的均質化）は、何もファシズム諸国に限ったことではなく、戦時下のアメリカやイギリスにおいて最も洗練されていた。

たとえば、科学的世論調査の始まりは一九三五年G・ギャラップによるアメリカ世論研究所設立とされているが、その政治利用はニューディールを掲げたルーズヴェルト政権期に飛躍的に発展した。長期化する議会審議を打ち切って改革法案を通すべく、民意の科学的根拠として世論調査結果が利用された。それは大統領が直接ラジオで呼びかけて「参加なき参加感覚」を国民に与える炉辺談話と不可分の「合意の製造」（W・リップマン）システムだった。第二次世界大戦への参戦に向けて、慎重な政策論議よりも迅速な政治行動が求められていた。ニューディール・デモクラシーは、危機政治における戦争民主主義に他ならない。ファシズム型の総動員も、ニューディール型の総動員も、同じ資本主義社会の危機を前提としており、さらに第二次大戦の戦争国家化を通じて、同じような福祉国家として現在に至っている。つまり、ファシズム型とニューディール型の相違は総力戦体制の下位区分にすぎない。この体制の連続性において現代社会が直面する諸問題も「未完の近代」（J・ハーバーマス）の制約というより、「近代の正常な展開」が必然的にもたらした結果なのである。

ポスト・モダンからの「現代」批判

山之内の総力戦体制論がポスト・モダン思想の影響を強く受けていたことは、姉妹書である酒井直樹・ブレッド・ド・バリー・伊豫谷登士翁編『ナショナリティの脱構築』（柏書房・一九九六年）のタイトルに象徴的である。こうした「近代」批判は、戦後史学の伝統的な戦争観と相容れず、刊行当初は感情的な反発も見受けられた（たとえば、『年報　日本現代史　総力戦・ファシズムと現代史』現代史料出版・一九九七年など）。このパラダイム闘争でいずれが生き残ったかは、刊行から一五年の時を経た現在、あえて言挙げるまでもないだろう。

本書執筆者のもの以外で、総力戦体制論の影響下に現れた代表的著作に言及しておこう。中野敏男『大塚久雄と丸山眞男』は、戦後史学の二大教祖というべき丸山眞男と大塚久雄の戦後啓蒙思想を「国民総動員の思想」の系譜学として分析している。本書の問題提起をジェンダー論から受けとめた上野千鶴子は、『ナショナリズムとジェンダー』で戦中の戦争協力と戦後の参政権獲得を貫く「女性の国民化」を論じている。植民地史ではルイーズ・ヤング『総動員帝国』を挙げることができる。日本の国内改革と連動した満州国建設は、近代的諸制度の未熟さゆえでなく、その成熟ゆえに可能となったとヤングは分析している。

戦無派世代である私自身について言えば、『総力戦と現代化』は戦争を「いま・ここ」の問題として問い続ける営みの原点なのである。

（佐藤卓己）

メディアと総力戦体制

佐藤卓己『現代メディア史』岩波書店・一九九八年

動員する／されるメディア

総力戦体制論の一つの意義は、戦前と戦後とを断絶においてとらえ、全体主義と民主主義とをまったく相反するものとしてきた常識に対して、両者が一面では地続きであると主張した点にある（総力戦体制の詳細は、「総力戦がもたらす社会変動」の項を参照）。その連続性は、メディアについても指摘できる。戦後のメディアのあり方の原型は、実は戦前にすでに萌芽し、戦時中にひそかに開花しつつあったのではないだろうか。

そうした視点から、さまざまなメディウムを横断的に見通し、かつそれぞれのメディウムを比較史的に論じたのが、本書『現代メディア史』である。その「はじめに」に曰く「高度国防体制の構築後もなお我々は高度経済成長、高度情報化と名づけられた『総力戦』状況に置かれている。今なお『動員』は解除されていない。『復員』はなされていないのである」（viii頁）。

たとえばディズニーの長編アニメ『白雪姫』（一九三七年）に出てきた七人の小人たちは、戦時国債の購入を勧めるフィルムの中で、「ハイホー」のメロディにのせて「貯蓄を貸そう／お金に戦わせるのだ／勝利に投資しよう！」と呼びかけている。また同じ頃彼らは、公衆衛生を訴えるPR映画で「口笛吹いて働こう」の曲に合わせて蚊の駆除を訴えている。ちなみにこの衛生映画は、戦後の日本においても巡回上映された。さらにディズニースタジオは、「航空母艦甲板への接近と着陸」「化学兵器から身を守る方法」といった教練用の短編映画も軍に納品している。アニメーションの技術は、娯楽としてだけではなく、戦争の実用にも供されていたわけだ。実戦のシミュレーションや戦意高揚のために持てる技術を供出し、そこで腕を磨き続けた戦時期があってこその、戦後テレビ放送や映画による、ディズニーランドやそのキャラクターグッズへの人々の動員だったのである。

視覚メディアの動員

敵の来襲を告げる狼煙《のろし》の時代から、つねにメディアは戦争とともにあった。だが、七人の小人たちの軌跡が示すように、両者の関係がより強く深くなり、かつメディアの影響力が飛躍的に上昇する画期は、二〇世紀前半にあった。「映画史は近代から現代への分水嶺を内在化している。前半はイラスト、写真の延長としてのプリント・メディア史、後半は音響メディアと合体してテレビへと発展するマルチ・メディア史である」（九三頁）。

もちろんプリント・メディアとて戦争と無縁ではない。たとえばアメリカの新聞産業は、戦争とともに発展を遂げてきた。扇情的な「イエロー・ジャーナリズム競争のクライマックスは、米西戦争（一八九八）の報道である。キューバの反乱には『ワールド』『ジャーナル』の特派員が送り込まれ、連日反スペイン感情を煽る報道が繰り返された」（八四頁）。そして、第一次世界大戦中に製作された無声映画『國民の創生』（一九一五年）は、さまざまな民族と言語の坩堝《るつぼ》である社会の中から、アメリカという国民国家を立ち上げていく起爆剤となった。さらに、映像と音声がシンクロしたトーキー映画の登場は、プロパガンダの次のステージを用意していく。「実際、ドイツのトーキー化はナチズム台頭期と重なった。一九二七年党大会以来、独自の宣伝映画製作を進めてきたナチ党は、一九三二年の大統領選挙運動では、各地でヒトラー演説映画の上映会を組織できるまでに成長していた」（一八五頁）。

こうした戦前の映画のあり方は、終戦とともに娯楽へと帰還していったディズニー・キャラクターの例を見るまでもなく、戦後社会へと引き継がれていく。たとえば「戦時動員体制で組織化された出版、新聞、通信、放送など各種のメディア・システム」と同様の「日本映画社は社団法人を株式会社に変えて存続した。占領初期の『日本ニュース』では急進的な天皇制批判と民主改革要求が繰り返された。情報宣伝の効率性を追求した戦前の思想戦論と、民主主義を掲げて情報産業の効率性を追求した戦後社会論の差異は見かけほどではない」（一九六頁）。

聴覚メディアの動員

一方、遠くの、ないしはかつてあった音声を聴きたいという欲求は、有線と無線の、また録音と再生の技術の進化をもたらしていく。そして二〇世紀前半、有線は一対一の通信へと、無線は一か所から大衆《マス》へと向けられた電波による放送へと、それぞれの技術は収斂していった。

ラジオ放送もやはり、まずアメリカにおいて花開く。「空間の拡大と時間の加速化として体験された第一次大戦は、最新テクノロジーであったラジオ無線機の大量利用を促した」。戦後それらは民需へと転換され、「ラジオを大衆家電とした産業資本の発想」のもと、広告放送として定着していく（一四七頁）。もちろんラジオの機能は、聴取者を消費へと動員することにとどまらない。世界恐慌後は「ニューディールのメディア」として、ラジオは大統領の声を家庭へと届けた。一方、ナチ放送は「一つの民族！　一つの国家！　一つの放送！」を課題としていく。

そして「日本の国策や戦果を伝える海外短波放送は、一九三八年には欧州、南北アメリカ、中国、南洋など六方向八か国語になり、一九四〇年には一二方向一六か国語に拡大された。日米開戦後は南方占領地に宣伝放送局がおかれ、海外短波放送も一九四四年には一五方向二四か国まで拡大された。また、戦時謀略放送として南太平洋戦線の米兵向けに『ゼロ・アワー』、別名『日の丸アワー』などが行われた」（一六九頁）。まさに電波は、長駆して敵を急襲する武器としてあったのだ。そして敗戦。玉音放送に続く一〇年間に、ラジオは国民統合のメディアとしての黄金期をむかえる。その後、放送の中心はテレビへと急速に移行するが、戦後の放送史にしても戦前との断絶ではなく、連続としてとらえるべき側面を多分に有している（難波功士「広報・広告の公共性」北田暁大編『コミュニケーション（自由への問い4）』）。

冷戦という戦時

戦後アメリカは、軍事的な目的のために、マイクロウェイブによる世界的な通信網を築こうとしていた。そのネットワークの一翼を担うべく、日本では正力松太郎がテレビ放送に乗り出していく。日本テレビ放送網という名称には、東西冷戦の痕跡が残されているのである。一九五一年「アメリカ上院議員カール・ムントが日本を含むアジア諸国でテレビの反共情報網を建設する『ヴィジョン・オブ・アメリカ』

（ＶＯＡ）構想を発表した。この構想に飛びついたのが、当時戦犯として公職追放中だった正力松太郎である」（二二〇頁）。その後「経済参謀本部」として通産省は「日本のテレビ製造メーカー三四社を組織し、一九五七年アメリカのＲＣＡ社と製造技術の特許契約を一本化」。また「一九六〇年代はアメリカ製ホームドラマの黄金時代であり、家電に囲まれた核家族の消費生活というアメリカン・スタイルが格好のモデルを提供していた」（二二一頁）。

そして、東側の社会主義諸国と西側の資本主義諸国との対立のもと、後のインターネットへとつながっていくＡＲＰＡＮＥＴも登場してくる。「一九五七年ソ連の人工衛星スプートニクの打上に対して、国防総省は高等研究計画エージェンシー（ＡＲＰＡ）を設立し、ミサイル先制攻撃によって軍の集中的指揮系統が破壊された場合の対策を始めた。この対策として、指揮系統や通信網を分散させるアイデアが生まれた」（二二八頁）。考えてみればコンピュータ自体も、戦時中、大砲の弾道計算の必要から生み出されたものである。

また米ソが競い合って打ち上げた人工衛星は、衛星放送とともに、ＧＰＳ（グローバル・ポジショニング・システム）へと利用されていく。このＧＰＳにしても、カーナビやケータイのために誕生した技術ではなく、本来は戦車や戦闘機などに搭載されるべく開発されてきたのである。戦争とメディア・テクノロジーとの、一筋縄ではいかない関係は、二一世紀の今も容易に解きほぐされることなく、絡み合い続けている。

（難波功士）

戦争と視覚文化

ポール・ヴィリリオ（石井直志・千葉文夫訳）『戦争と映画——知覚の兵站術』
平凡社ライブラリー・一九九九年

視覚文化論で戦争を読み解くというアイディア

戦争史は多くの場合、政治史の一種として書かれ、戦闘の記述は兵力や火力の比較、採られた戦術や部隊の展開に注目しがちである。これに対しヴィリリオは本書において、「戦争の歴史とは、まず何よりもその知覚の場の変貌の歴史にほかならない」と書き、戦争と視覚文化とを結びつけて論じようとする。

考えてみれば、戦場とは、視覚が特権化される場所である。高地の争奪戦、茂みでの待ち伏せ、都市や城塞に建てられた巨大な塔、偵察用の気球や航空機、レーダーや偵察衛星、迷彩塗装やステルス能力など、これらはすべて、見ること、そして隠れることと関係している。戦場では常に、敵を先に見つけ、有利なかたちで会敵するために運動することが求められている。自らの身はできるだけ隠し、可能であれば相手の視野を制限する必要がある。いってみれば戦場は、いわば巨大な鬼ごっこの場なのだ。

視覚イメージによる動員と復員

一方で、戦争は、様々な記録映像や写真、ポスターや絵画・漫画などといった視覚イメージを大量に生成する。ヴィリリオは次のように述べている。

> 軍事国家の建設・復興時には死者を礎とする活動が常に強力に展開される。戦士にとって、記憶は確かに戦争の知恵そのものだが、戦士を支配する記憶は体験の共有を通して成立する民衆文化に特有の集団的記憶と同じものではない。戦士は記憶相似や記憶錯誤、さらには時間／空間的誤認や既視の幻想を生きているからだ。国家はまず、幻想によって誕生するほかないのであり、［中略］夢と変わることのない幻視として成立したのである。（九七頁）

様々なイメージは、単にありのままの現実を写し取ろうとするものではなく、その生成において、戦争のために必要な人々の集合や共同性を創出するようなものとなっている。私たちの認識や感情、記憶などがそのために重要な役割を果たす。そして大量に蓄積されたイメージは、戦争後も含めた社会のありようを規定してゆく。特に、戦争をめぐって創りだされた「記憶」は、戦争を遂行する主体としての国家を、たんに人が作り上げた制度であるという以上の本質的な存在とする。

動員（戦時化）と復員（脱戦時化）という二つの運動、あるいはそれに伴う日常と非日常の境界の振動が生みだす「幻視」には、イメージの産出や蓄積がかかわっている。戦争がイメージを生む条件になるという以上に、イメージが戦争を生む条件となる場合もある。そういった意味でも、戦争と視覚表象の関係を注意深く観察する必要があるということだ。

戦争と映画技術

ただしヴィリリオは、戦争と視覚のかかわりをもう少し限定し、戦争を、特に映画の関連について論じようとする。「二十世紀の戦争における映画技術の組織的利用についての研究アプローチはいまだなおほとんど存在していないに等しいといってよいわけだが、本書の目的はまさにその分野を開拓することにおかれている」。例えば空からの偵察で使用される大量のフィルムや、敵に照準を合わせるための照門。それらは映画技術なしにはありえなかった。だから本書は『戦争と映画』と題されてはいるが、その探究は「戦時期に作られた映画についての分析」や「戦争を表象した映画についての分析」などではない。映画技術という視覚性の領域と、軍事技術とのあいだの驚くべき同型性・類縁性の指摘なのである。そこでは、戦争が映画においてリアルに映し出されてゆくと同時に、戦争それ自体が映画のようになってゆく。いまや戦争体験は映像体験に深く浸食されてしまっており、「現実の戦争」と「良くできた戦争映画」とは本質的に区別出来ない。

このように、戦争と本質的に結びつく数ある視覚技術のなかからヴィリリオが特に映画に注目するのは、二〇世紀から現在という時代を選択したことによるものである。具体的な戦場から戦時社会、あるいは「歴史」に至るまで、様々な水準を横断することのできる総合性を、映画は内包しているのだが、そうした総合性はまた、水準の異なる様々な社会的領域を横断し統合してゆく「総力戦」という戦争の形態と奇妙な相似をみせている。

知覚の場としての戦場

ヴィリリオにならって、「戦争体験」という領域を、視覚の問題を中心に組み立てなおしてみることにしよう。一つ目の題材は、大岡昇平「捉まるまで」（『俘虜記』）である。

私は精神分析学者の所謂「原情景」を組み立てて見ようとする。この間私の網膜に映った米兵の姿は、確かに私の心理の痕跡を止めているべきである。私が初めて米兵を認めた時、彼は既に前方の叢林から出て開いた草原に歩み入っていた。彼は正面を向き、私の横たわる位置よりは少し上の方へ視線を固定さしていた。その顔の上部は深い鉄兜の下に暗かった。私は直ちに彼が非常に若いのを認めたが、今思い出す彼の相貌はその眼のあたりに一種の厳しさを持っている。（三〇頁）

大岡は、自分の存在に気づいていない若い敵兵との対峙の場面を詳細に思い出そうとする。そうした点検は、単に彼我の距離や位置関係によって、その危険度を測るというためにだけではなく、戦場という空間の構成そのものについての検討につながってゆく。大岡は、自分の戦争体験を、単なる感想文として書くことをしない。そうではなく、（記憶の作用も含めた）知覚を詳細に検討することで、自らの思考や感情を規定している条件を空間のなかでみようとしたのである。そしてそれは「どのように戦場に居させられたのか」ということの検討につながってゆく。大岡がその記述のなかで検討しているのは、戦場への動員であり、戦場における主体の構成なのであった（野上元「知覚の場としての戦場」）。

また、戦争映画と戦争体験の隣接ということで、例えばスピルバーグ『プライベート・ライアン』（一九九八年）をみてみよう。この映画の冒頭では、（戦場カメラマンのロバート・キャパに敬意を捧げながら）一九四四年北仏ノルマンディー地方での上陸作戦がリアルに描かれる。同じ戦闘を描いた『史上最大の作戦』（一九六二年）のようなクレーンカメラによる説明的な俯瞰映像ではなく、限定され不安定な視界を余儀なくされるハンディカメラによる映像が多用されている（「なに！　敵が、ノルマンディ海岸に、上陸したって！」などという説明的なセリフもない）。一人称視点を強制された観客は、めまいと不安を抱きつつその映像世界に没入させられるが、そのような制限された視界こそまさに戦場の兵士のものなのであった。この映画は、説明的でないことで逆に、兵士たちの戦場での体験を説明しようとしている。

このように、前線の兵士の戦場体験と銃後の市民の視聴体験とが、（区別されつつも）一気に論じられうることになれば、戦争映画を論じながら、戦争体験を論じることができる。これが、冷戦以降のスペクタクル化した戦争を論じるにあたっては適合的であることはいうまでもないだろう（ボードリヤール『湾岸戦争は起こらなかった』）。すなわち二〇世紀的な総力戦の時代が終わり、具体的にはベトナム戦争（あるいは朝鮮戦争）以降、我々はテレビを観ることによって戦争に〈参加＝体験〉させられているのである（ブルース・カミングス『戦争とテレビ』）。逆にいえば、「新しい戦争」の時代である現在、そのことの当然の帰結として、人々の「見ること」をいかに動員し編成していくかが、戦争遂行上の本質的な問題となっている（二〇〇一年九月一一日、ニューヨークのWTCへのテロリストの攻撃が時間差による二回であったことを、彼らによる視覚操作として考えてもよいはずだろう）。

本書『戦争と映画』は、戦時期の表象研究やプロパガンダの研究、戦争映画の研究、戦争体験の研究を相互に結びつけてくれる研究領域を開く。それらは孤立した研究領域ではないのだ。そしてまた、私たちの時代における「新しい戦争」が、視聴による〈参加・動員〉のかたちを伴っていることも（青弓社編集部編『従軍のポリティクス』）。

（野上元）

体験を記述する営み

野上元『戦争体験の社会学――「兵士」という文体』弘文堂・二〇〇六年

体験論的、郵便的？

毎日、戦地から必ず葉書を書いて送るから、宇品港出発の日を№1として、後から届く葉書の№に日付を書き入れてくれ。もし葉書が到着しない時は、その№の翌日、俺は戦死したことだと考えて、冥福を祈ってくれ。（二三九頁）

終章「『戦争体験』の現在」の冒頭、兵士の鮮烈な葉書を引用しつつ、著者は「恐ろしいことを始めたものだ。つまり戦地の彼は文字通り、葉書を書き続けなければ死んでしまうのである」と添える。この挿話が示すように、本書を貫くのはいわばデリダ的な問題意識だ。実際、本論のかような表現の背後で、著者の念頭に東浩紀の『存在論的、郵便的』が浮かばなかったとしたら、その方が奇妙であろう。

兵站の届かない部隊に通信筒を使って飛行機から空中投下した郵便が戦場では「幽霊の郵便」と呼ばれたというのだが、こうした不安と不確実性に満ちた軍事郵便ほど、郵便という制度のメディア論的な本質を露わにしてしまうものはない。（二一六頁）

デリダによる「現前性の形而上学」への批判が放った衝撃は、コミュニケーションではなくディスコミュニケーションの方を、相互行為の基本モデルに置くという発想の転換に由来する。著者は、この価値転倒を「戦争体験」をめぐる言説や実践に持ち込む。普段、私たちは「リアルな戦争体験」というものがまずあり、それが然る後に文学や体験記に「正しく表象」されることで、「戦争の本質」の再現（現前）に向きあうことができ、それを次世代へ「忠実に継承」しなければならない、という風に考えがちだ。つまり、初発の地点に厳然として存在した「オリジナル」としての戦争体験を、「正確にコピーする」こと（のみ）を自明の使命として人々に要請するのが、通常の「戦争体験論」である。

戦争体験論のモデルチェンジ

しかし、そのような発想は倒錯してはいないだろうか。むしろ、何らかのテクストを「リアルな戦争体験の表象」と見なすまなざしや、社会的な合意があって初めて、そこに(本当はそのような形ではなかったかもしれない)「体験者にしか書き得ない戦争の本質」が事後的に見出され、現場の体験とも、書き手の自意識とも、読者の解釈とも齟齬を抱えたまま、あたかも正しい目的地に着かない可能性を常に孕む郵便（よってその書き手＝兵士は、「死んだから届かない」のか、「届かないから死んだことにされた」

のか判然としない、幽霊のような存在となる）の如く、「戦争体験」は不安定に配給され続けるのではないか。したがって、著者が目指す『戦争体験の社会学』とは、以下のようなものとなる。

「遺贈された記憶をわれわれがどう受け取るのか」ということ以上に／以前に、そうした集合的記憶に対して、それが・いま・ここにある、という前提を解体し、かつて・何が・いかにして書き込まれたのかということ、また、どのような媒介性によってどのような集積がなされたかを考察すること（五〇～五一頁）

序章「『戦争体験』の社会学」でこう述べる著者は、九〇年代以降の「戦争の記憶」研究は、しばしば「実はどこにも具体的には存在しない集合的記憶」（四七頁）を実体化してしまい、戦争体験の著述をもっぱら「聞き手の現前が厳密に想定された告発や弁護」（六一頁）といった特定の文脈を前提とする、「証言」としてのみ扱ってきたと批判する。読み手が一方的に、聴き出したい「戦争体験の本質」を読み込んでしまうという倒錯から脱するには、むしろ文学研究にも漸近する言説分析の手法で、書き手が「戦争体験」（と読み手に見なされるもの）を書き込んだ時代や社会の条件を、炙り出す営為が必要なのだ。

「体験」を語る媒介の変遷

第一章「『総力戦』と『戦争体験』」の主人公は、森鷗外と石原莞爾という意外な組み合わせだ。日露戦争時、軍医だった鷗外は自らが戦争を「体験」していることの優越性を、従軍記者として戦争を単に（自然主義的に）「観察」したに過ぎぬ田山花袋に誇ることができた。だが、鷗外が（後に文筆家となる）

石光真清に乞われて追悼文を代作したように、しばしば詩や歌の会が設けられた日本軍陣中とは「軍事と文事を結びつけ、共に鍛えあげる集団的な修練の場」（八〇頁）でもあり、前線と銃後の境界が曖昧になる総力戦化が進めば、当然ながら「体験」の書き手たる資格は、文豪に限られなくなってゆく。一方、ドイツ型参謀本部の成立に象徴される戦争指導のシステム化＝官僚制化（参謀の匿名化）の進展は、定形化された情報処理の中に現れる「戦争体験」の虚像（たとえば日露戦争の神話）と現実との落差に敏感だった石原莞爾のような、固有名を持つ軍人を出版メディアの側へと追いやり、さらに文庫本の誕生がもたらした「戦場で読書する」という実践の一般化により、日中戦争期には「戦場は読み解かれるべきテクストとなる」（一一〇頁）。火野葦平や武田泰淳が自身の出征を「勉強」という比喩で語り出し、実際多くの兵士が匿名の慰問袋への返礼を通じて、事実上「見えない読者に向かって［中略］戦争体験記を書いている」（一一五頁）のと同義の体験をするのである。

第二章「『敗戦』と『戦争体験』」では、そのようにして兵卒から作家になった大岡昇平を（次章をも貫く）主人公、吉田満と原民喜を脇役として、「文学」が「戦争体験」の表象媒体として特権化されていた時代が描出される。本来は「自動書記」（一二八頁）も同然だった吉田の記録文『戦艦大和の最期』（一九五二年公刊）の成立を吉川英治や小林秀雄が支援し、大岡の『俘虜記』（一九四八年）を井伏鱒二が「兵隊一人には国は大変なお金をかけている」（一三三頁）がゆえの産物と評したように、国民全員が「戦争体験」の保有者であることが前提のこの時期、それを固有名の下で公的に表明するには、「文学」の形に昇華する（したと見なされる）ことが条件づけられていた。自らを「作家」として売り出すことを可能にした、この社会的制約に最も自覚的だったのが大岡であり、だからこそ『俘虜記』や『野火』（一九五一年）では「戦争体験」と「書かれたもの」の間にある不透明さ（両者が自明にイコールではないこと）を示すために、監禁状況での執筆への言及という、メタフィクション的な要素が導入されたと著者は見る。逆にその陰画をなす原は、小説的技法を放棄したカタカナ書きでの――素人じみているがゆえに「リアル」だと解釈される――被爆体験の詩作、そしてその自死（一九五一年）によって、文学者的な固有名が「戦争体験」を語る条件から外れる時代の先駆けとなった。

第三章「『戦後』と『戦争体験』」は一九六〇年、従軍文学の出版で財をなし『銭と兵隊』と揶揄されたという自意識の下での、火野葦平の自殺で幕を開ける。「戦争体験のない」世代の登場が前提となった同時期以降、出版される体験の真正性は文学者の自意識の発露＝「創作」としてではなく（火野のように、それは嫌悪の対象となる）、むしろ無名の市民による無数の体験を「編集」することで担保されるようになり、大岡の筆致もまた、俯瞰的に歴史の「全体」を編集する『レイテ戦記』（一九六七年）へと移ってゆく。だがその結果、かえって戦争体験は「ただ一人の作者はいない」『戦争』という題名の一冊の書物」（二〇三頁）の如く観念されるようになり、序章で批判された「集合的記憶」の実体化――国民全員が共通に「一つの」戦争を体験したという語りの自明化――が始まったことが示唆される。

では、そのような体験の（事後的な）単一化を回避しつつ、しかし戦争の記憶を継承するには、どうすればよいのか。戦後五十年を機に長野県栄村で刊行された『不戦の誓い』の編纂過程で、従来は「大したことないから恥ずかしい」（二三三頁）として沈黙されてきた一般村民の「体験」が語られ出したことに暁光を見出しつつ、しかしそこでも刊行済みの「戦争体験」の価値づけとの比較において、語りが選別されていることを、著者は指摘する。おそらくは終着点のないままに、私たちは「体験」をめぐる郵便＝誤配のゲームを続けるしかないのだろう。

（與那覇潤）

シンボルと大衆ナショナリズム

ジョージ・L・モッセ（宮武実知子訳）『英霊——創られた世界大戦の記憶』柏書房・二〇〇二年

戦争の記憶とナショナリズム

フランス革命の時代に「国民軍」が戦場に動員されて以来、戦争の記憶は国民という共同体に一体感を吹き込み、ナショナリズムを鼓舞する重要な要因の一つをなしてきた。その力は、国民を構成する要素としてあげられることの多い文化やエスニシティをも凌ぐかもしれない。マックス・ヴェーバーは、戦争の集合的記憶がもつ重要性について次のように指摘している。

共同の政治的運命、とりわけ生死を賭けた共同の戦いが記憶の共同体を集結させる。それはしばしば文化や言語あるいは血統共同体の結合よりも強く作用する。この記憶の共同体こそが［中略］「国民意識」に最終的に決定的な特質を付与するものなのである。（ヴェーバー『権力と支配』一七八頁。訳文は変更した）

ジョージ・モッセの『英霊』はこのヴェーバーの提起した問題、すなわち「生死を賭けた共同の戦い」とナショナリズムの関係性について考察した、おそらく最初の本格的な歴史研究であろう。ここで彼は第一次世界大戦の体験がどのように記憶され、神話化され、戦後のナショナリズムにつながっていったのかを、ヨーロッパの主要参戦国である英仏独伊の事例を比較しながら論じている。

モッセが第一次大戦に焦点をあてたのには理由がある。義勇兵と徴集兵からなる国民軍が主体となった近代戦争が始まって以来、フランス革命戦争、ドイツ解放戦争、普仏戦争など「国民の戦争」として記憶されてきたものは少なくない。しかし、産業化した諸国間の未曾有の総力戦となった第一次大戦の場合、その規模はそれ以前の戦争と比べ物にならなかった。動員された兵士の数も、また死者・負傷者の数も膨大だった。死者の数は、一七九〇年から一九一四年までの間に起きたすべての戦争での総数の二倍にものぼったといわれる。当然、大戦が参戦諸国の社会や文化に与えた作用もはかり知れないものだった。戦争の記憶は強く刻印され、労働者階級を含めた一般民衆の政治参加への要求が高まり、戦後のナショナリズムは大衆動員的な性格を強めていった（佐藤成基「ナショナリズムとファシズム」）。

戦争体験の神話と前線兵士

第一次大戦の記憶のされ方は国によって異なっていた。特に戦勝国である英仏と敗戦国であるドイツとの間では顕著な違いがみられた。しかし、どの国でも共通していたのは、兵士たちの前線における戦友愛、死をも恐れぬ勇敢さ、自己犠牲の精神、「男らしさ」などが賛美されたということである。戦死した兵士たちはキリスト教の死と殉教というスキームで聖化された。このような兵士賛美の物語を、モッセは「戦争体験の神話」と呼ぶ。

そこでの戦争体験神話の主たる作り手は、ほかならぬ兵士自身であった。特に戦争開始直後に義勇兵として参戦した兵士のなかから、神話作成者が多くあらわれた。自ら志願して参戦する義勇兵は、フランス革命の時代に初めて歴史の舞台に登場した。その多くは教育レベルの高い中間階級に属し、詩や散文、歌などを通じて、革命戦争やドイツ解放戦争での戦士の勇敢さや戦友愛、そして革命の大義や祖国愛を称え、喧伝した。「ラ・マルセイエーズ」などもこのようななかで生まれたものである。

しかし、「一九一四年世代」と呼ばれた第一次大戦の義勇兵たちの戦争体験は、それ以前のものに比べはるかに強烈なものだった。彼らは、塹壕での戦友愛が「真の国民的再生」を実現するとまで断じた。もっとも彼らの語る戦争体験が、大戦に参加した多数の兵士たちの実際の戦争体験と一致したわけではない。むしろ多くの一般兵士は戦争を好まず、徴兵のためやむを得ず参戦したであろう。しかし、前線を直接体験した作家たちの生み出した物語は、その圧倒的な迫真性によって戦後の国民的戦争観の範型を形づくり、戦後の国民的精神やモラルを鼓舞するものとして語られるようになった。

戦没兵士たちも国民的再生のために呼び戻された。ある元前線兵士の作家は、一九二二年にドイツの全大学に向けて語られた記念演説のなかで、ランゲマルクの戦いで「ドイツの歌」（戦後正式にドイツの国歌になった歌）を歌いながら死んでいった兵士たちを称えて次のように述べる。

　恥辱と敗北のなかで帝国がその姿を隠してしまう前に、彼らはランゲマルクで歌った。［中略］彼らが死にゆく時に歌ったその歌と共に、彼らは再びよみがえるのだ。（『英霊』七九頁に引用。訳文は変更した）

「戦争体験の神話は戦争を偽装し、戦争体験を正統化する」とモッセは論じる。しかし単に創作されたフィクションではない。それは「戦争の現実を経験し、その現実の記憶を作り変えると同時に永続させたいと思う者たちに訴えかけることになった」のである。そこには、戦争体験を意味づけたいとする彼ら自身の渇望のほかに、戦場を直接経験しなかったその他多くの国民たちの負い目や羨望があった。

政治の野蛮化と大衆政治

戦争体験神話はまた、暴力を賛美し、死への感覚を麻痺させ、政治を野蛮化させることにも繋がった。敗戦国のドイツにおいて、特にその傾向は強かった。復員兵が中心となって形成された多数の擬似軍隊的右翼団体が、戦争神話の強力な担い手だった。彼らは戦争体験の継承者を自任し、前線兵士の戦友愛を民族共同体の理想とするとともに、「ユダヤ人」や「ボリシェビキ」を宿敵として攻撃した。右翼団体の政治活動で死んだ闘士たちは、大戦での戦没者と並んで崇拝の対象に加えられた。政治の野蛮化は、そのような右翼勢力の影響力の広まりと密接にリンクしていたのである。ヒトラーの率いるナチスもまた、そのような右翼団体の一つとして生まれ、次第に勢力を拡大していった。

しかし、このような右翼団体の政治手法を、単に否定的にのみ捉えることはできない。大戦後、政治が大衆化した状況のなか、彼らは戦争体験神話に訴えかけることで多くの国民大衆の心を引き付けることに成功したのだから。左翼勢力やヴァイマール共和国支持者たちの失敗は、戦争体験神話が国民大衆にとって持つ意味について、充分な理解と共感が欠如していたことと無関係ではない。

兵士賛美から犠牲者追悼へ

しかしながら戦争体験神話は、その神通力をいつまでも維持し続けたわけではない。すでに第二次世界大戦が開始された一九三九年に、もはや戦争体験神話は人々を熱狂させるには至らなかった。ドイツにおいてさえ、第二次大戦開戦は熱狂よりも冷静さをもって受け止められたのである。

第二次大戦後、戦争体験神話の凋落は決定的となった。もはや戦場の英雄行為を称える元義勇兵が台頭することはなかった。それに代わってあらわれたのが、一般市民を含めた戦争犠牲者への「追悼」であり、苛酷な戦争被害を記憶にとどめる「警鐘碑」（ベルリンのカイザー・ヴィルヘルム記念教会のような）だった。兵士の英雄賛美から追悼と警鐘へ。戦争の追想《コメモレーション》の方法は大きく変化した。第一次大戦では十パーセント以下であった戦死者に占める一般市民の割合が、第二次大戦では半分以上にまで増大したことを考えれば、それには充分に理由があることといえるだろう。東京やドレスデンの空襲、そして広島・長崎の原爆投下は、そのような第二次大戦での犠牲を象徴する出来事だった。

しかし、兵士賛美の神話がまったく姿を消してしまったわけではない。神話衰退の風潮に抗して、それを復活させようとする動きもあらわれる。本書の最後でモッセは、ワシントンにあるベトナム戦争慰霊碑をめぐる論争について言及している。戦没兵士の名を刻んだ、黒い御影石で作られた長いV字型の慰霊碑に、もはや兵士を賛美するヒロイックな色調は見られない。だがその前には、三人の兵士たちをかたどったブロンズ像が置かれている。慰霊碑に批判的な復員兵たちの要求でつくられたものだ。戦場で生死を賭けた経験をもつ人間がいる限り、その「英雄行為」に意味をみいだそうとする欲望はなくならない。追悼か賛美か。現在に至るまで、戦争の追想《コメモレーション》にはその二つがせめぎあっている。

（佐藤成基）

日常のなかの戦場動員

冨山一郎『戦場の記憶』日本経済評論社・一九九五年 〔増補版〕二〇〇六年

地上戦としての沖縄戦、あるいは戦場を思考すること

戦場とはなにか。近代国民国家成立以降の、とりわけ二〇世紀の総力戦と呼ばれる近代戦において、空襲などにさらされた人びとの経験と、地上戦に巻き込まれた人びとの経験の間に、ある種の決定的な断層が存在していることは否定しがたい。たしかに、地上戦の経験を歴史化する作業を、近代戦に地上戦はつきものだとか、地上戦はどこにでもあったというような、死(者)やサバイバーをあたかも交換可能なものとして相対化=一般化する言説に帰着させるべきではない。それでも、地上戦という社会状態を一言で表現するならば、それは軍律が非戦闘員の日常生活全般を支配する状況だといえるだろう。

だが、そうした戦場に関する一般的了解によって、はたしてわたしたちは戦場についてなにがしかのことがらを思考できたことになるのだろうか。冨山の回答は否である。「戦場は異常事態でもなければ、日々の生活から切り離された狂気でもない。毎日の陳腐な営みにこそ、戦場が準備されているのである」

（四六頁）。地上戦としての沖縄戦では、「日本人」になるという日常生活における人びとの慣習的実践の積み重ねが、「日本人」としての戦場への動員を準備した。戦場は日常のなかにおいてこそ、見出されねばならないのである。

日常から戦場へ、あるいは『日本人』になること

沖縄の人びとが「日本人」になるということを語るさい、冨山は最初の単著である『近代日本社会と「沖縄人」』以来一貫して、「皇民化」や「同化」といった認識枠組みを拒否している。沖縄戦における動員についても、「皇民化」という観点からの理解は否定される。人びとが「日本人」になるとは、「沖縄人」意識から「日本人（皇民）」意識へのアイデンティティ移行の問題として捉えるべきではなく、日常的な身体的実践における「日本人」への動員の問題として把握されねばならない。

こうした意味での「日本人」への動員が沖縄の人びとの日常生活全般を覆うようになったのは、一九三〇年代の生活改善運動隆盛期においてである。二〇年代後半に始まる国際市場糖価の下落と二〇年代末の世界恐慌は、日本資本主義の周辺領域に組み込まれていた沖縄の糖業モノカルチャー経済を直撃し、「ソテツ地獄」と呼ばれる困窮状況、そして大阪を中心とする本土労働市場や日本帝国統治下にあった「南洋群島」への大規模な労働力流出をもたらした。

激しい社会変動を経た沖縄社会では三〇年代に入り、警察によるユタへの弾圧、学校での方言札による「沖縄語」使用の禁圧と児童の相互監視、毛遊《もーあし》びや蛇皮線《サンシン》の「不道徳」視など、日常生活全般にわたって「遅れた沖縄（文化）」とみなされた慣習の払拭が目指された。注意すべきは、生活改善運動に先だって「沖縄（文化）」が客観的な範疇として存在していたのではなく、沖縄の人びとが道徳的近代人を目

指して自己の身体を規律化していく生活改善運動のプロセスで、払拭されるべきラベルとしての「沖縄（文化）」が、かれら自身の身体の側に見出されていったことである。このような不断の自己規律化が目指す、無限遠点としての道徳的近代人の名こそ、「日本人」であった。

大阪や「南洋群島」の出稼ぎ先・移住先でも、沖縄出身者の間に生活改善運動が浸透した。一九三〇年代に大阪の沖縄出身者の間では、日常生活のなかで「沖縄（人／文化）」とまなざされかねない慣習を払拭していくことが、勤勉な近代的労働者として周囲に証を立てる指標となった。「南洋群島」の沖縄出身者の間では、日常生活全般において「ジャパン・カナカ」と名指されうる慣習を払拭し、先住民から自らを卓越化することが、労働現場における差別的な雇用条件から脱出する重要な指標になった。これら目指すべき無限遠点としての近代的労働者の名も、ほかならぬ「日本人」であった。

地上戦としての沖縄戦への道程は、ほんらい非戦闘員には適用されない軍律が、なし崩し的に住民全体に対する指揮権を獲得していくプロセスであった。しかし、たとえば軍事的な防諜の必要上導入された住民の「沖縄語」使用の禁止は、住民たちからはまず生活改善運動における道徳的近代人＝「日本人」に向けた自己規律化の延長として受容された。さらに、生活改善運動において労働能力を示す指標となった「沖縄語」などの払拭すべき「遅れた文化」は、戦場動員においては軍事能力や敵／味方を示す「スパイ」という指標に「接ぎ木」された。平時の規律は、戦場そして死へと人びとを動員する規律に接続されたのだ。「子供たちまでが熱心にスパイ狩りをやっていたという沖縄戦突入直前の状況こそ、ユタ狩や方言札による沖縄語の取締りの延長線上にあるとともに、戦場動員を担う軍律の拡大まであと一歩の地点だったのである」（一一九頁）。そして地上戦のただなかで、「沖縄語」を使用したなど「不審」な言動をしたとみなされた多くの住民が、日本軍将兵に「スパイ」と名指され虐殺された。

暴力の予感、あるいは死者の傍らで発話すること

敗戦後日本の国家と社会は、「国体護持」と本土防衛のための〈捨て石〉として遂行された沖縄戦における諸経験を、「日本の復興のために殉じた尊い犠牲」といったナショナルな記憶の枠内に回収することに余念がなかった。その記憶の三角形の一角には「ひめゆり」をめぐる「殉国美談」という言説が、別の一角には「集団自決」をめぐる「玉砕の悲劇」という言説が、もう一角には「スパイ」虐殺をめぐる「同胞殺しの惨劇」という言説が配置されてきた。

たしかに「沖縄戦という戦場には、『日本人』としての死への動員と『スパイ』(=敵)としての虐殺という二つの決定的に分割された死が存在した」。だが冨山によれば、この両者は切り離して理解されるべきではない。むしろ問題の焦点は、人びとがこの「二つの死に切り裂かれたときに残る」、ナショナルな記憶に「回収されない領域の行方」なのである(一七九〜一八〇頁)。

ここで冨山が注視するのが、自分の家族や信頼していた地域指導者などが「友軍」=日本軍から『スパイ』と名指されて殺されるのを目のあたりにしたとき、または自分たちに「玉砕」を訓示しながら結局米軍に投降していく日本軍将兵を見たとき、あるいは住民の戦場への動員を率先して担っておきながら米軍の収容所で米軍政に積極的に協力し始める沖縄エリート層の姿を知ったとき、人びとのなかに巻き起こる「だまされた」という情動である。また冨山は、そうした場面に遭遇した人びとの間から、ほかならぬ「スパイ」の指標とされた沖縄語《ウチナーグチ》によって、日本兵批難の会話が始まったり、投降の相談や説得が行われたり、「自決」命令のただなかで生きることへの呼びかけがなされるなど、規律からの離反を促す抵抗の発話が立ちあがったことに着目する。

この「だまされた」という情動においては、道徳的「日本人」への平時の動員から「日本人」としての戦場動員にいたる一連の過程が、内省的に捉え返されている。それは、日本軍や沖縄エリートに対する「恨み」であると同時に、自らの身体に向けられた「後悔」でもある。これらの情動、そして沖縄語《ウチナーグチ》による発話は、「日本人」から「沖縄人」への単なるアイデンティティの移行などと枠づけられるべきでない。ここで起こっているのは、死者の傍らにいる人びとが、「日本人」になるという自らの身体的実践の総体を捉え返すことによって、ナショナルな記憶の時空間を攪乱させている事態であり、そこから立ち現れるのは、死者に代わって何をどのように記憶／忘却すべきかをつねに整序する「国民の語り」に回収されることに抗して、別の時空間を切り拓いていく、「証言の領域」にほかならない。「殺された死者の傍らにいる者が獲得すべき反軍闘争の可能性」は、この領域から立ちあがるであろう（三四頁）。

敗戦によって帝国を他律的に解体された日本は、旧植民地・占領地であったアジア各地、そして沖縄に冷戦の軍事的暴力の前線を押しつけながら、復興と経済成長をとげた。そうした軍事的暴力を「他人ごとのように眺めてきた日本の戦後」に属する者たちが戦場を思考するためには、まさにその者たちの日常のただなかで、「みずからの生きてきた時間を問題化する作業として証言と出会うこと」が不可欠である（二四三頁・二四五頁）。したがってその作業は、軍事的暴力が社会を構成し、社会が軍事的暴力の作動を承認し続けている、この日常のなかで発動されるレイシズムやセクシズムなどの絡まりあいを徹底的に問い直し、この問い直しを起点に戦場を思考すること、すなわちわたしたちの「暴力の予感」にかかっているのである。

（石原俊）

戦場体験者のコミュニティ

高橋三郎編『共同研究・戦友会』田畑書店・一九八三年
〔新装版〕インパクト出版会・二〇〇五年

「戦友」の帰還を待つ戦後社会

怪獣を倒したウルトラマンがいずこかへと去った後、地球防衛隊の仲間の一人の姿がみえない。ウルトラマンが登場する寸前、怪獣からの反撃によって搭乗機が炎に包まれ、行方不明になってしまったのだ。実はウルトラマンに彼が「変身」したからなのだが、ほかの隊員はそのことに気づかない。「チクショウ、とうとうあいつも死んじまったか……」「あぁ信じられないよ。いい奴だったのになァ……」と、あきらめかけたちょうどそのとき、遠くから隊員の声が聞こえる。「おお〜い」。彼は生きていたのだ。仲間は歓喜に包まれ、軽いおふざけも交えながら、エピソードの幕が下りる――。

子供の頃に再放送で見ていた特撮ヒーロー番組の「ウルトラマン（シリーズ）」（一九六六年〜）では、このような場面が毎回繰り返されていたように思う。子供の目にも、このくだりが過度に反復されていることが明らかで、それが本当に不思議でしょうがなかった。そうまでして伝えたいものは何だったのか。

その意味が少し分かったのは、「未だ還らざる者」という戦時中の表現に接してからである。一般に、「戦死」と「戦闘中行方不明」とは厳密に区別されているものだが、軍籍管理の必要がそうさせることもある一方で、そこには何か「願い」のようなものが付着してもいる。特に、それぞれが孤立して戦い、最終的な戦死を確認するすべのない航空戦においては、航空機の損耗は「未帰還機」と発表されている。今のところ姿をみせないけれども、どこかに不時着などして、もしかしたらいつか還ってくるかもしれない、という願いである。

戦力の損失を少なく見積もるだけでなく、「未帰還」と表現してしまう大本営発表の欺瞞は敗戦後明らかにされたのだが、その一方で、国力の限界を超えて広げてしまった戦争を終わらせ、「本土」に引き揚げて経済的な繁栄を享受している社会が、かの地に置き去りにしてしまった「戦友」への思いを、「未帰還」をめぐる様々な表現を借りて漂わせていたということはなかっただろうか。子供向け特撮ヒーロー番組に限らず、戦後様々なかたちで表れされる「行方不明者の生還」話に、そのような面を読み取れないだろうか。

戦友会への社会学的アプローチの有効性

本書『共同研究・戦友会』は、戦場帰還者を中心に構成された小集団である「戦友会」を社会学的な見地から分析した共同研究である。軍隊や戦争、軍事文化に関連するテーマに、社会学的なアプローチが見事に嵌り、豊かな成果を生み出した好個の例である。

これが「共同研究」であることからも分かるとおり、関心を共有する執筆者たちが多様なアイディアを出し合い、複数の方向からアプローチを試みることで、「戦友会」という対象の特性を立体的に浮かび上がらせようとしている。逆にいえば、戦友会とはそうしたことを可能にする対象であり、かつ必要とする対象であるということだ。

まず、この共同研究では、全国の戦友会（の世話人）や戦友会会員に対するアンケート調査が試みられている。戦友会参加者の「現在の職業」や「終戦時の階級」といった基礎的な質問項目のほか、「あなたにとって戦友会の魅力は何ですか」「戦争映画を見ますか」などいった項目もある。著者たちも述べるように、同様の社会学的調査は他に試みられていないようであり、これらはこの集団の特性を語る極めて貴重なデータの数々である。

同時に、戦友会に対しては、第一章「戦友会の一日」で試みられているような「参与観察」が有効なアプローチになっている。この章では、戦友会の泊まりがけの会合に帯同し、参加者と一晩を過ごすなかで、この集団に対する解読が進められてゆく。

そうした参与観察が有効なのは、たんに対象に接近して接触面を増やすためというだけでなく、なによりもこの集団が、外部からの視線を遮断する閉鎖性・孤立性を特質としていることと関係がある。とにかく内側に入ってみることが重要なのである。

例えば、戦友会の集いには、ときに戦死した戦友も「招かれ」ている。宴会の席に彼らが「降りてくる」というのである。また、現在の職業や社会的地位について言及することも控えられ、それでいて当時の階級も会の秩序に直接は関係しないという。このように、参加者同士には、いくつもの暗黙のルールが共有されている。こうした意味論を読み解いてゆくことが、戦友会の考察にとって極めて重要である。すなわち戦友会は、一般的な常識からするといくぶん特殊な儀礼や慣習の体系を抱えた、ある種の民族誌的な記述が試みられるような対象なのである。

「記憶の場」としての戦友会

もちろんだからといって、戦友会は全くの特殊集団ではない。本書で戦友会は「再集団化集団」に属する集団の一類型として把握されている。再集団化集団とは、同窓会・同級会のように、過去の一時期に存在した集団の成員がその後再び集団化したような集団のことだという。そのなかでも戦友会は、過去の部隊所属や共通体験が縁となっている。こうした理念型の設定によって、具体的な検討のための土台が作られている。

戦友会の参加者は、単なる懐旧の情だけで集っているのではない。体験を共有する（という信憑を共有している）この集団は、なによりも、仲間たちとのコミュニケーションによる微調整によって、自らの戦争体験を確認したり再考したりする場なのである。とりわけ、青春を捧げたという事実、あるいは戦死した戦友を戦場に置き去りにした体験は、戦後におけるアイデンティティの再構成において、緊張を孕んだ要素として表れてくることだろう。そうしたことを可能にする場への愛が、戦争体験者たちを集わせるエネルギーとなる。

この共同研究は、戦争体験や「戦争の記憶」に密接に関連している。けれどもその関心は、その体験の内容そのものというよりはむしろ「体験の共有（への信憑）」という資源が戦友会という集団の形成や維持においてどのように作用・配分されているかという点に向かっている。

戦後社会のなかの「戦友」

指摘しておかなければならないのは、そうした場が、外部からは不可視の閉鎖的なコミュニティであった（あるいは、でなければならなかった）ことの意味である。そして付け加えれば、このように幸福な戦友との再会は、戦争体験者たちのすべてにあったわけではない。膨大な出征者の数からすれば、これだけの調査を本共同研究がこなしているにもかかわらず、そもそも戦友会の数は少なすぎるのである。戦友会の存在の一方で、そのような場を望んでいてその縁に恵まれなかった者、あるいは拒絶した者など、その中身は様々であろうが、戦友会に集うことのない多くの人々がいたことは無視できない。

極端な例では、帰国はできても未だ「復員」できず、戦友たちと再会するなど望むべくもない「最後の皇軍兵士」（＝精神障害を患って病棟に押し込められ、今なお「戦っている」兵士）の存在、あるいは逆に、映画「ゆきゆきて、神軍」（原一男監督、一九八七年）の奥崎謙三のように、かつての戦友を「裁く」ために再会を望むような場合もあった。そうしたことを考慮したとき、孤立した戦友会を取り囲む（非体験者もさらに含めた）「戦後社会」という文脈・条件が浮上してくるのである。

また、同じ「負けた戦争」でも、ベトナム戦争へ出征・帰還する若者たちを描く『ディア・ハンター』（マイケル・チミノ監督、一九七八年アメリカ）では、帰還した主人公はいまだサイゴンにある「戦友」を救いに行こうとするし、傷病軍人となって帰還する『7月4日に生まれて』（オリバー・ストーン監督、一九八九年アメリカ）の主人公は、帰還兵たちの頽廃した収容施設を脱して、仲間（戦友！）と反戦運動に参加する。このように、「戦友」のあり方は、社会や文化の違いによって異なった表され方をしたりもする。逆にいえば、「戦友」「戦友会」は全て、戦後の社会が戦争の体験をいかに記憶したり生産しようとしたりしているかということを読み解く極めて重要なポイントの一つなのである。

本共同研究に継続して、実証的な国際比較も含めた追加調査が現在進行しているという。その成果も待ち遠しい。そして本研究は、戦争や軍隊、軍事文化に関心を持つ後続の研究者との「共同研究」において、極めて重要な位置を占めてゆくことだろう。

（野上元）

兵士たちの戦後と証言の力学

吉田裕『兵士たちの戦後史（戦争の経験を問う）』岩波書店・二〇一一年

戦場体験はいかに語られてきたのか――この問いを起点に書かれた書物は少なくない。しかし、往々にして、そこには困難がつきまとっていた。戦場体験といっても、個々の戦場によって状況は異なる。海戦と陸戦では体験は相違するし、陸戦のなかでも、銃撃戦で多くの死者を出した戦場もあれば、飢えや病いによる戦没者が大多数を占めるケースも多い。これらを見渡しながら、言説史をどう整理し、その力学を析出できるのか。吉田裕『兵士たちの戦後史』は、膨大な戦争体験記に目配りをしつつ、戦記ブームや旧軍人団体の変容に焦点をあて、下士官・兵であった者たちの戦後史を描き出している。

旧軍人団体の結成

戦友会のような旧軍人組織は、一九五二年ごろから結成が相次ぐようになった。ＧＨＱの占領が終結したことを考えれば、そのこと自体はとくに不思議なものではない。だが、同書では、その担い手に注意が払われている。日本郷友連の地方における主な担い手は下士官クラスの旧軍人たちであった。戦前期であれば、軍隊で伍長や特務曹長を務めた者は、地方部では名士として扱われ、地域の顔役となった。だが、敗戦とともに彼らの権威は失われた。それに対する社会的威信回復の欲求が、この種の団体結成につながった。戦記ものにおいても、当初は軍内部の実状を知り得ていた幕僚将校や将官による執筆が多かったが、一九五〇年代半ばにもなると、下士官層の比重が高まったという（七九頁）。

だが、それは裏を返せば、最末端の兵たちの記述が少なかったということでもある。下級兵士たちは、戦場でも戦略に関する十分な情報を得ることは稀で、自分たちがどこにいるのかすら知らされていていないことも多かった。それだけに、彼らが手記を紡ごうにも、断片的な記憶を整理しようもない。後年に相次ぐ部隊史刊行や戦友会での交流を通じて、記憶の喚起をまたなければならなかった（八二頁）。

戦友会の隆盛と内部の軋轢

一九六〇年代になると、終戦を二〇代前半で迎えた戦中派世代が壮年期に達し、社会の中堅を担うようになる。彼らは戦場に多く動員された世代であったが、その戦中派たちが、「企業戦士」として高度経済成長を支えていった。その一方で、往時が懐古され、戦友会の活動も活発化した。

しかし、吉田はそのなかに、微妙な亀裂を読み解いている。旧軍人たちが集うということは、必然的に、往時の階級差が思い起こされる。かつての上級士官と下士官・兵が一堂に会するとなると、下級者はときに居心地の悪さを抱きかねない。それもあって、これらの会合や宴席では、「戦時中の階級による序列化は慎重に回避」され、「一種の平等主義の規範」が存在していた（一〇八頁）。

また、仲間意識や結束が強かったのは、中隊戦友会など小規模なものであった。「それ以上の単位の戦友会になると、将校主導のものになってしまうという危惧を下士官や兵士が抱いて」いたという（一一〇頁）。そこには、軍上層部への反感が絡むこともあった。吉田は、川之江市軍恩連会長の「敗戦の責任の如きは上級軍人にあるのであつて、赤紙応召の下級軍人に何の戦争責任があるのであろうか」という記述を引用しながら、そこに「旧軍人の運動であっても、軍上層部の責任に言及し、自らを被害者として位置付けざるを得ないという関係性」を読み取っている（一二〇頁）。

戦友会への参加を拒む者も少なくなかった。ある元兵士は、「あの戦時の中隊内は一生わすれない暴力の集団です。ですから中隊の会合又は刊行物等には不参加させていただきますので、今後一切便りをくれないで下さい」と綴っていたという（一六〇頁）。古参兵から執拗で理不尽な肉体的・精神的暴力にさらされ続けたまま、敗戦を迎えた初年兵は、戦友会へ参加する気になどなれなかったのである。

戦友会の証言抑制機能

戦友会は、「加害証言などを抑制し、会員を統制する機能」をも有していた。かつての戦友たちが親睦を重ねていたことは、その延長で、「戦友会の構成員が戦場の悲惨な現実や、残虐行為、上官に対する批判などについて、語り、書くことを、統制し、管理」することにつながった。元兵士たちの親密圏の創出は、証言や記憶を引き出すというより、その吐露にブレーキをかける側面を有していたのである。

「遺族への配慮」もまた、同様の機能を帯びていた。遺族に対しては、「凄惨で醜悪な戦場の現実」を伝えるべきではないという意識が、元兵士たちのあいだで共有されていた。それだけに、「遺族への配慮」は「客観的には、証言を封じるための『殺し文句』となってい」たのである（一八七頁）。

しかし、そうした状況も、その後、変化をきたすようになる。

戦友会は、共通体験に根差した親睦の場であるばかりでなく、慰霊碑の建立をも志向した。そのことは、大規模戦友会の結成を促した。これらモニュメントは、日本国内に設けられただけではなく、フィリピンや中国など、かつての戦場に設立されるケースも多かった。これが可能になったのも、規模を拡大した戦友会が、必要資金を準備し、また、関係省庁に働きかけることができたためである。

しかし、国外で記念碑を建てるとなると、当然、現地の役所や有力者等との調整が必要になる。戦友会側の関心は、「自分の戦友や身内がどこでいかに『勇敢』に死んだのか」であって、「日本軍があの地域で何をしたのか」ということではなかった。だが、現地の住民に接するなかで、「日本人に殺された中国人の供養がまだ済んでいないのに、日本人だけ供養するのはどういうことか」といった抗議にも直面することになる（一九七頁）。そのことは、彼らの「贖罪意識の芽生え」につながった。

戦後半世紀が経過すると、証言をめぐる状況にさらなる変化が見られた。会員の死去や高齢化に伴い、かつて盛り上がりを見せた戦友会も解散・休会が相次ぐようになる。そのことは、元兵士たちに対する証言抑制機能の緩和を意味した。遺族にも世代交代が生じていた。戦没者の親や妻、兄弟たちが多く他界し、遺族の過半を遺児が占めるようになると、「鬼畜のような米国に、かくのごとく勇敢に戦ったということより、叩かれっ放し、追い詰められる住民や日本軍の無念さ、あわれさ、死にたくない――そこに何があったか――を語りついでほしい」という遺族も見られるようになった（二五九頁）。

また、元兵士たちの高齢化を考えると、彼らの凄惨な体験を語る余裕も残されていなかった。これらの要因が重なりながら、加害の体験も含めて、多様な証言が語られるようになる。ＮＨＫが二〇〇七年八月に放送を開始した『証言記録 兵士たちの戦争』はその一例である。とはいえ、吉田は「それでも、やはり戦場における性暴力に関する証言がみられないこと」には留意を促している（二七五頁）。

「兵士たちの戦後」に向き合う

以上を見渡してみると、元兵士ならではの言説力学を見出すことができる。だが、裏を返せば、戦後日本社会のなかで、彼らの議論が独自の系譜をたどったということも指摘できるのではなかろうか。たとえば、映画などの大衆文化レベルでの戦争イメージや論壇における戦争観の変容プロセスは、元兵士たちの議論とシンクロしつつ、また異なる磁場にあったことは否めない。そうであれば、戦争をめぐる戦後の世論 popular sentiments や輿論 public opinion において、元兵士たちの証言はいかなる位置を占めてきたのか。本書を通して、このような関心も掻き立てられよう。

そして、このことを考えるうえでは、本論部末尾の以下の記述が、示唆に富む。

> 結局、元兵士という言葉で我々がイメージするほどには、彼らの歴史認識は保守的なものではなかった。むしろ、彼らは戦争の歴史をひきずり、それに向いあいながら、戦争の加害性・侵略性に対する認識を深めていった世代だった。同時に彼らは、彼らの戦友を「難死」に追いこんでいった日本の軍人を中心にした国家指導者に対する強い憤りを終始忘れることのなかった世代でもあった。
> （二八二〜二八三頁）

元兵士たちを現在の高みから問いただすのではない。彼らの戦後史に寄り添いつつ、同時に対象化を図ろうとするなかで、導き出された知見ではないだろうか。

（福間良明）

責任追及と自責

渡辺清『私の天皇観』辺境社・一九八一年

「忠誠」から「反逆」へ

僕は、羞恥と屈辱と吐きすてたいような憤りに息がつまりそうだった。それどころか、いまからでも飛んでいって宮城を焼き払ってやりたいと思った。あの濠の松に天皇をさかさにぶら下げて、僕らがかつて梶棒でやられたように、滅茶苦茶に殴ってやりたいと思った。いや、それでもおさまらない気持だった。できることなら、天皇をかつての海戦の場所に引っぱっていって、海底に引きずりおろして、そこに横たわっているはずの戦友の無残な死骸をその目に見せてやりたいと思った。これがあなたの命令ではじめられた戦争の結末です。こうして三百万ものあなたの「赤子《せきし》」が、あなたのためだと思って死んでいったのです。耳もとでそう叫んでやりたい気持だった。

とにかく僕の天皇観を覆えすのにはこの写真一枚で十分だった。(一五頁)

渡辺清は、「少年兵における戦後史の落丁」（一九六〇年、『私の天皇観』所収）のなかで、こう記している。「この写真」とあるのは、一九四五年九月二七日に天皇がマッカーサーを訪問したときの写真である。

渡辺清は、天皇の戦争責任を厳しく追及した。日記体の自伝的小説『砕かれた神』（一九七七年）でもその思いが綴られているほか、事務局長を務めていた日本戦没学生記念会でもこの問題に取り組み、一九七一年以降、機関誌で一一度にわたり「天皇問題特集」を企画した。

とはいえ、渡辺はもともと天皇に批判的だったわけではない。むしろ、純粋なまでに天皇を崇拝していた。渡辺は、十六歳で海軍を志願したが、その動機について、「僕はすべてを天皇のためだと信じていたのだ。信じたが故に進んで志願までして戦場に赴いたのである」と述べている（一四頁）。入隊した渡辺ら少年兵は、上官による理不尽な私刑を日常的に受け、新兵が自殺したこともあった。また、渡辺は戦艦武蔵に乗り組み、レイテ沖海戦で撃沈された際、奇跡的に生き延びた。それでも、渡辺は「進んで天皇にいのちを捧げる機会」を待っており、「どんな戦場の苦しみにも耐え」たという（一五頁）。

終戦後もしばらくは、その念は変わらなかった。「天皇が処刑されるかもしれない」という近隣での噂に対しても、「［『現人神』である］天皇陛下が、たとえ噂にもせよ、絞首の刑に擬せられているとは、考えるだけでも畏れおおいことだ」「天皇はそうされる前に潔く自決されるだろう。おめおめとアメリカ軍の手にかかるまで生きておられるはずがない」と固く信じていた。

それだけに、「敗戦の責任をとって自決する」どころか、「敵の司令官と握手」し、「ねんごろになって」いる天皇の姿は、自分たちに対する裏切りをつよく感じさせた。渡辺の天皇に対する憤りは、天皇に対する強烈な忠誠に根差したものであったのである。渡辺が「天皇のことで心が揺れるのは、天皇のために心底からもだえ、苦しみ、悩んだものだけだ」（二五三頁）と述べていることも、「忠誠」から「反逆」への転移を物語っていた。

自己への問い

渡辺の天皇批判は同時に、自身の責任を問うことにもつながっていた。渡辺は「僕は天皇に裏切られた。しかし、裏切られたのは正に天皇をそのように信じていた自分自身に対してである。自分が自分の内部に蟠踞していた天皇に裏切られたのである」（一七頁）、「無知だったこと、騙されていたことは、責任の弁解にはなっても、責任そのものの解消にはならないのではないか。知らずに騙されていたとすれば、そのように騙されていた自分自身にまず責任があるのではないか」（七七頁）と述べている。

渡辺にとって天皇批判とは、自らを指弾されない安逸な場に置いたうえでなすべきものではなく、天皇を信じきっていた自己をも責めることでなければならなかった。それは、かつて「忠節」を尽くした対象を問うことであったのと同時に、「忠節」を尽くした自分自身を問い糾すことでもあったのである。

また、渡辺は、下士官であった頃を回想しながら、「ことさら下士官風を吹かしたつもりはありませんけれども、例えばある作業で、兵隊が一所懸命汗だくで働いているのに、こっちは腰に手をくんで涼しい顔をしていられたということ、つまり、ぼく自身そこでは『小さな天皇』として振舞っていた」だから天皇を問題にする場合には、同時にそういう自分を斬らなくちゃならないという面がどうしても出てきます」とも述べていた（一八一頁）。渡辺にとって、「天皇を弾劾すること」は同時に「自分も斬らなくちゃならない」ということでもあった。

「加害」の問題への広がり

そのことは、「加害」の問題にも広がりを見せた。渡辺は、『戦没農民兵士の手紙』（一九六一年）に言及しながら、農民兵士たちが家族への慈愛を抱く一方で、戦地で暴虐な行為をなしたことに、厳しく向き合おうとする。渡辺は、「共匪、黄槍会」を「二、三十名皆殺しにして」きたことを記した遺稿にふれながら、「生身の人間を殺すのに、まるで畠の大根でも切り捨ててきたような無感動さがそこにある。それだけにその残忍さが一層迫ってくる。そしてそこにはひとひらの罪の意識もない」と批判した（七八頁）。渡辺は、さらに、それが「妻へのあたたかい思いやりにみちた手紙を書いたその同じペン先」で書かれたことを重く見た。そのことは、自分も同じ非行をなしたかもしれないことへの恐れを喚起した。

> 内にあっては思いやりにみちた手紙を家族に書き送るその同じ兵士が、外にあっては［中略］残忍な「死刑執行の代行人」になりえたという事実、かつて農民兵士であった一人として僕はこの事実に目をおおうわけにはいかない。それは、僕がもし彼らと同じ立場に居合せたなら、僕もやはり同じ行為を避けることはできなかったろう、と思えるからである。［中略］僕が非行をまぬかれたのは、たんに直接「敵」とぶつからない海上戦闘にたずさわっていたという「偶然」の救いだけである。［中略］条件いかんでは、その非行は現に行なわれたものよりも、さらに凶悪なものになっていたのではないか。いまさらめくが、僕はそれを想像して己れにぞっとしないではいられない。本書の兵士たちは、そっくりそのままかつての僕自身であった。（七九頁）

渡辺は、軍艦に乗り組み、海戦を経験した。そこでは、敵艦や敵機に銃口を向けても、自らの手で直接、現地住民を殺害することはなかった。だが、「二、三十名皆殺しに」することは、渡辺にとって、決して縁遠いものではなかった。それは、家族にあたたかな感情を抱くごく普通の農民がなしたことであり、渡辺自身も、その場にいて同様のことを行為しないと言い切ることはできなかった。

責任論を再考する視座

こうした渡辺の議論には、今日の戦争責任論を考えるうえで、示唆的なものがあるだろう。戦後七〇年近くが経過しようとしている昨今、過去の「加害責任」を追及し、「侵略戦争」を批判することはある意味、たやすい。戦後生まれの者は、戦場で敵を殺し、現地住民に暴虐を振るうという「汚点」を持たないからだ。しかし、そうした「われわれ」が、類似の状況に置かれたときに、同じような暴虐を働かないと言いきれるかどうか。

さらに言えば、それは、「右」と「左」の架橋を考えることにもつながるのではないか。「死者の顕彰」「殉国の至情」を重んじる議論と、「加害責任」を追及する議論は、二項対立の状態にある。二〇〇〇年代前半の靖国論争が好例だろう。だが、渡辺の議論は、この硬直的な言説配置を解きほぐすものである。自らの「忠節」の念を徹底的に掘り下げる延長に、天皇批判が導かれる。それは天皇個人を問責するばかりではなく、自らが率先して戦争に加担した過去をも問いただす。そこでは、「殉国」を突き詰める先に「戦争責任」「加害責任」が見出されている。

渡辺清『私の天皇観』は、自らの戦争体験に依拠しながら、責任をめぐる思惟を紡いだ書物であって、何か体系立った理論書・学問書の類ではない。だが、そこには、戦争責任のみならず、それをめぐる議論のあり方を問い直す視座が散りばめられているのではないだろうか。

（福間良明）

コラム　戦争映画の「仁義なき戦い」

『軍旗はためく下に』（深作欣二監督・一九七二年）という映画がある。一九八七年にビデオ販売されたものの、日本ではDVD化されていないので、いまとなっては、知る人は限られよう。しかし、これはきわめて知的刺激に富む映画である。

物語は、ある戦争未亡人を軸に展開される。彼女の夫（富樫）は「敵前逃亡」により処刑されたとされているが、軍法会議の記録もなく、「敵前逃亡」を証拠づけるものは見つからない。彼女は毎年八月一五日に厚生省援護局に「不服申立書」を提出し、なぜ夫が靖国神社に祀られないのかと詰問する。

ところが、同じ部隊に所属していた関係者に接触できたことから、真相が徐々に浮かび上がる。最終的に、上官が捕虜斬殺の事実を隠蔽するため、軍法会議を経ることなく、それを知る亡夫らを処刑したことが明らかになる。それは、部隊にポツダム宣言受諾が知らされたのちのことであった。

興味深いのは、観る側の「予期」をことごとく覆す構成である。元部下は、「敵前逃亡なんかじゃありません。富樫さんは敵陣に突っ込んで立派に戦死されました」と語るが、それは事実ではない。富樫は部下を死なせないために、暴虐きわまりない上官の殺害に関わった（厳密に言えば、上官殺害をなした部下をかばおうとした）。このことを師団参謀に自白したのが、その元部下であった。そのことが富樫を死に至らしめたことを隠すために、彼の死を美化したのであった。

また、富樫らが処刑に際して「天皇陛下万歳」を叫んだことも、未亡人に伝えられる。しかし、それは「愛国」の念を裏打ちするのかというと、そうではない。むしろ、天皇に異議申し立てをするかのような憤りを帯びた叫びであった。

「予期」が覆されることから、逆に観る側がどのような「予期」を抱いていたのかが照射される。死者のヒロイズムはその一例だろう。われわれは、しばしばそうした物語に「感動」を抱く。だが、それは戦後を生きるわれわれの「欲望」にすぎない。そのことが、何を見えにくくしてしまうのか。そのことが、「予期」の脱臼を通して垣間見える。

ちなみに、この映画を監督した深作欣二は、『仁義なき戦い』（一九七三年）で知られる。一九六〇年代半ばから一九七〇年代初頭にかけての時期は、任侠やくざ映画の全盛期にあたる。弱者への義理を尊ぶ主人公が強大な組に単身で殴り込みをかける。そうした「任侠」の美学が、この種の映画の定石であった。その定型性を覆し、「仁義」がない暴力と欲望の世界を描いたのが、文字通り『仁義なき戦い』であった。『軍旗はためく下に』は、言うなれば、戦争映画における「仁義なき戦い」とも言える。

「死者の顕彰」のカタルシスが何を見えにくくしてしまうのか。こうしたことを観る者に考えさせる名作である。

（福間良明）

第二部　戦争を読み解く視角

第一章　戦争・軍隊・社会

overview

この第一章「戦争・軍隊・社会」では、戦争を社会との関係で捉えてゆくための枠組みの数々、なかでも特に、二〇世紀の戦争の形態である「総力戦」を捉える枠組みを提示する。

戦争の「かたち」

ただその前に、戦争が人類普遍の現象であるとすれば、やはり人類史・文明史的な時間のスケールでこれを考える可能性についても配慮をしておく必要があるだろう（「**戦争の文明史**」）。社会学で通常採用されている以外の要因、例えば食糧生産力に直結する平均気温の変化などといった自然条件も、戦争を取り囲む要因の一つでありうる、ということを考える余地を残しておいてもよい。

第二部第一章の冒頭にこの項目を設定したのは、近現代以降の「戦争」の姿を無自覚に前提にせず、相対化できる視点を持つため、ということもある。その意味では、国家と戦争との対立を描くドゥルーズとガタリによる『千のプラトー』や、もはや簡単には実体視することのできない「帝国」の新しい姿を見いだそうとしたネグリとハートによる『〈帝国〉』なども想像力を拡げるための参考になるはずだろう。あるいは文化人類学的な視点からみた「戦争」や「暴力」についての探究（例えば栗本英世『未開の戦争、現代の戦争』）もまた、幅広い入り口を用意してくれる。

ただもちろん、社会学が直接探究する戦争とは、少なくともいずれかの側が国家となっている近代以降の戦争である。近代は、それまでの社会にあった旧い「戦争の流儀」を次第に破壊していくのと同時に、それらに内装されていた、戦争をエスカレートさせないためのリミッターを破壊してしまった（「戦争と近代」）。そのうえで、国家と資本主義の連動が始まり、人類は大量殺戮と大量生産（と大量消費）を基軸とする「総力戦」の世紀を迎える（「戦争の二〇世紀」）。（特に戦後の）日本で実感されることは少ないけれども、第一次世界大戦の世界史的な意味、とりわけ精神史や思想史における巨大なインパクトも忘れないようにしたい（日本と第一次世界大戦の関連を述べた書物として、山室信一『複合戦争と総力戦の断層』）。二つの大戦を連続したものとして考える視点が必要とされている。

【二〇世紀の「新しい戦争」】

戦争の探究において、様々な暴力装置を備えた「国家」についての考察は重要である（「国家のシステムと暴力」）。国家は、内外に対して人々の安寧や安全を保障するという機能のもと、暴力の発動に関する原理的な自律性を保有している。逆にいえば、安全保障に関する人々の想像力の空間的な境界をなぞるものとして、国家が自明のもの、自然なものとなるのだ。宗教的権威などの強い根拠を持たない「想像された」ものでしかない国家は、暴力のもたらす恐怖や陶酔と関係することを経て、人々の崇拝と献身を集める強力な存在になってゆく。

そうした国家による戦争を実際にエスカレートさせていく軍事技術について探究されなければならない。戦争もまた、技術が決定的な要因となる場（と信じられている場）である。もちろんその威力やそれがもたらす惨禍についての探究は重要であるが、同時に必要なのは、その技術が、「人間」に関する常識や想定を変化させるということだ。

その最大のものが、第一次世界大戦前後で急速に発達した「機関銃」であり（「機関銃の社会史」）、第二次世界大戦で大規模に採用された「都市空襲・空爆」である（「空爆の社会史」）。前者が、弾薬・砲弾の製造と長大化した塹壕線の維持のために大量生産の必要を生み、後者は、そうした必要によって軍需工場化した都市を破壊しようとする。破壊の目標は、軍需生産力だけではなく、次第に、生産を支える人々の生活それ自体、そして戦争を支える人々の心（戦意）のほうになったので、その目標は軍需工場だけにとどまらず、無差別のものとなる。これは、大戦の末期には、都市への焼夷弾（ナパーム弾）の使用、そして核兵器の使用へとエスカレートした。

「人間」への想定ということでいえば、重要なのはまず何よりも、ジェンダー／セクシュアリティの問題だといえる（「戦争とジェンダー／セクシュアリティ」）。膨大なエネルギーの供出を求める総力戦による社会再編の運動は、セクシュアリティの領域に介入し、ジェンダーの秩序をコントロールしようとする。むしろ明らかなのは、下手な介入や統制の試みが招く、その脱本質化の過程だ。総力戦はここでも、取り組むべき社会学的な題材をいくつも用意している。

［軍隊組織の社会学］

また、軍隊組織（「近代組織としての軍隊」）や、軍事指導者（「軍事エリートの社会学」）といった、いわゆる軍事社会学的なテーマの数々は、イントロダクションでもみたように、オーソドックスな（比較）社会学にむしろ適合的である（その好個の例として、河野仁『〈玉砕〉の軍隊、〈生還〉の軍隊』がある）。そのなかでも軍事的なエリートの脆弱性（「失敗の本質」）は、日本社会ではむしろ論壇的なテーマでもあり、中年男性たちの人生哲学（？）のテキストとなっている。

兵士の募集や錬成もまた、重要なテーマである（「徴兵制」「入営と錬成」）。徴兵制は、軍事力の涵養にとって重要な制度であるが、一方で、かつてそれが参政権と結びついていたように、国家への帰属を自明化し、ナショナリズムを媒介に統合力を高めるチャンスとして活用される。徴兵制を利用した同化政策は、植民地に対する「帝国」的なまなざしを浮かび上がらせることだろう。それらのゆえにこそ、軍隊論による社会論・文化論が可能となるのである（「日本の軍隊」）。

ただし、日本軍の組織文化ということについては、リソースが圧倒的に不足していたという条件下における苦肉の策の数々とみることもできるだろう。例えば軍事エリートの養成ということでいえば、特に損耗の激しい中級指揮官の備蓄をマスプロ教育によって応えようとしたこと、数が必要な中級指揮官の候補生から、ポストの少ない将軍や管理職を選抜するには、結局、学校教育における筆記試験の制度を利用したほうがコストを抑えられると考えられていたということが、人材開発の失敗を招いてしまったと考えることができる。さらにまた、昭和初期の軍部は、具体的で説得的な「功」をあげ、ライバルの「口減らし」をする戦場から遠ざかっていた。そして第一次大戦後の国際協調・世界平和の機運を背景に進んだ軍縮（軍部のリストラ）に際しては、各学校における「配属将校」というポストが発明された――。

まさに「どこかで聞いたような」話の数々である。イントロダクションで述べたように、軍隊組織の社会学は、軍事という特殊領域を扱いながら、官僚制研究や組織社会学、教育社会学、職業社会学など、ノーマルな社会学の諸領域のための題材も用意している。

［戦争によるエスカレーションの観察］

勝利の栄光は、英雄に同一化を望む群衆に広く共有され、惨めな敗北は、国民として均しく甘受させられる。戦争は、栄光や悲惨の極限において、人間を平等にする——わけではない。けれども、戦争をめぐるそうした想像力を積み上げながら、人々の関与を深め、動員が拡大されていったことは事実である。軍需工場への動員と戦場への動員は区別されつつ連続させて考察されるべきだろう。例えばそれは、ジェンダーの領域においても観察することができる（「女性動員から女性兵士へ」）。そこでは、総力戦や動員拡大をめぐるロジックの錯綜を観察することができる。「母性」神話を守りたい保守派が反対した「女性兵士」の形象がある種の解放の象徴なのだとしたら、それは何を意味していたのだろうか。

また、「地域」という枠組みにおいても、動員のエスカレーションをみることができる。連隊を始めとする各種の軍事基地は日本中に配置され、地域に「根付いて」いたが（「軍隊と地域」）、戦争が始まれば、地域は、単なる後方であるという以上の重要な意味を与えられた「銃後」として、さらに強く戦争に組み込まれる（「銃後としての地域社会」）。そして、その延長で考えなければならない地域の姿が「戦場」であった（「戦場と住民」）。ここで指摘されているように、「唯一の地上戦」という表現は、歴史的な事実に関する確認や比較の視点、あるいは地政学的な観点も含めて、様々な掘り起こし作業のなかで相対化されてゆく必要があるだろう。

そしてその一方で、「本土決戦」という巨大な「地上戦」が準備されていたことを私たちは忘れるべきではない。むしろ数多くのＳＦ小説が戦後、ある種の戦後社会批判として、幻の「本土決戦」を描いている。

（野上元）

戦争の文明史

マーシャル・マクルーハン、クエンティン・フィオール（広瀬英彦訳）『地球村の戦争と平和』
番町書房・一九七二年
ウィリアム・H・マクニール（高橋均訳）『戦争の世界史――技術と軍隊と社会』
刀水書房・二〇〇二年

文明史のなかの「戦争」

利害の衝突が国家レベルの殺しあいに到るとき、我々はそれを「戦争」と呼んでいる。戦争がとてつもない悲劇であることは疑いえない。ところが一方で、戦争を次のように捉えることも可能である。

いかなる戦争においても、攻撃者が敵を深く理解しようと努めるのと同様に熱心に、敵も攻撃者の勢力と性格を研究する。将軍もそのスタッフも、敵の心理のあらゆる側面について討論し、思いをめぐらす。そして、敵国の文化史、資源、技術について研究する。その結果、今日、戦争は、いわば、地球という村の激烈な学校になった。（マクルーハン他『地球村の戦争と平和』、一五七頁）

すなわち「国際的理解の基盤としての戦争」。勝者は蹂躙するとともに、必ず敗者に新しい文化をもたらす。戦争を通じて、それぞれ互いに隔絶していた人々は何らかのかたちで「交流」し、必ずその結果、優れた技術が伝播することになる。戦争は、技術の不均衡が均される大きな契機だというのである。

マクルーハンはなかでも情報技術を決定的に重要な要因としている。この技術は人間の感覚(の配分)に関わり、その社会性を規定するからである。そして冷戦とは、核兵器を主要な兵器としつつもむしろ情報の戦争なのであり、そのための情報網が地球を覆ってしまえば、それは一つの共同体（地球村）に他ならなくなる、という。——いったいいかにして、これらのような「戦争」の捉え方が可能だというのだろうか。それが「文明史」という歴史記述のスタイルである。

戦争と文明史の記述

文明史とは、さまざまな歴史の語られ方のなかでも、できごとの倫理的意味に関する探究や、細かな事実関係・因果関係の確認などからいったん離れ、いわば神の高みから国家や文明の興亡を語るようなスタイルを持つ歴史叙述である。

「高み」からの視点をとろうとするぶん、壮大な時間スケールを持ち、説明はときに大胆あるいは粗雑にもなる。その一方で、歴史を動かす、巨大だが見過ごされがちな要因を発見しようともしている。例えば気候や地形、風土などの自然条件やその変化、技術の発達などを決定的な条件としようとする。あるいは、ある民族に共有されている（とされる）心性を重要な要因とし、それが特定の時代条件のなかで可能性を開花し、その潜在力を使い果たされて、逆に文明を衰退させてゆく、ということなども。

地理学者ダイアモンドによる『銃・病原菌・鉄』は、一五三二年のインカ帝国とヨーロッパ世界の決定的な「戦争」を解説しようとする。いくつかの重要な因子を解説し連関を整理するなかで、各大陸が南北に長いか東西に長いかがきわめて重要な要因となったという指摘――自然条件の様々な壁となる緯度は、文化的交流の阻害要因として働く――には、壮大すぎて、ついてゆけない読者がいるもしれない。

文明史は、通常の歴史学的な説明や、常識的な理解から離れようとしている。そこには人の営みを、まるで動物や虫を眺めるかのように観察する、どこか冷めたまなざしがある。一方で、歴史を動かす隠れた因子を発見しようという知的興奮もある。

このような文明史の記述と「戦争」とは、切っても切り離せない。古来より多くの戦争が一国・文明の興亡を決定づけてきた。そしてその一方の結果としての「滅亡」は、人間の一生を越えた時間感覚、あるいは傍観者的な態度を育むことだろう。さらに「勝敗」というある種のわかりやすさが、文明史の記述と親和的だということもある。

文明史の記述と社会学

このように、戦争への知的関心は、文明史的な認識をときに生み出す。ときにそれは、過去の戦争を知的な愉楽の題材とする認識にさえみえるかもしれない。けれどもそこに通常であれば思いもよらないようなアイディアが無数にみられるのも事実である。社会学的に重要なのは、その決定論的な構成を参照するときに、諸因子をどのように整理しコントロールするかという配慮のほうだろう。

もちろん、こうした粗雑さに辟易するのであれば、例えばマクニール『戦争の世界史』のような、軍事技術の発達や軍隊組織の変化を、政治史から経済史のみならず、人口史や技術史を含めて社会史や文化史を縦横無尽に結ぶ大作を繙いてみることだ。戦争の本質の理解が、いかに浩瀚な背景を必要としているかを知ることができる。


（野上元）

戦争と近代

細見和之『「戦後」の思想――カントからハーバマスへ』白水社・二〇〇九年

近代と戦争との関係を問うというのは、国民国家というあり方を裏返しにして語るような営みであるらしい。たしかに西欧における国民国家システムの成立と拡大のもとで、戦争は劇的に姿を変えていった。戦争に対する現在の想像力も、それに大きく規定されている。

国民国家システムとはなにか

国民国家においては、⑴中央集権的な政府が、「国民」として人工的に創出された人々に強力な一元的支配を行うが、それは、⑵政府が「国民」という平等なメンバーシップを保証することでもある。同一性という基準があるから、二流の国民や国民以前と見なされた人々への差別が問題となる。国民国家は、少なくともその内部に対しては民主主義的傾向をもつ。さらに、⑶国民が国家を作るという感覚が広く共有される必要がある。国民が何らかのかたちで政府の運営にかかわる（とされる）のが落ち着きがよく、制度的にも民主主義と結びつきやすい。

もう一つ、見逃せない特徴として、⑷国家は単一的存在ではなく、複数の国家群としてある。一方で、国民経済を中心に国家は競合しあう。同時に、国家は相互に恒常的に接触し、さまざまな水準で模倣と影響にさらされている。複数の社会のあいだでの財や人間の移動、技術や文化の伝播は人類史上珍しくないが、国家という単位が成立して以降、それははるかに常態的で、かつ意識的なモニタリングを介したふるまいになる。たとえば一九世紀以降の産業資本主義の展開が、こうしたしくみのもとでこそ加速しえたことは、何よりも日本近代の軌跡が雄弁に証明している。

国民国家と戦争の暴走

だが他方で、⑸国際秩序は、最終的には国民国家群の善意を期待することしかできない。ある国家がそれを裏切っても、その行動を実効的に規制できる超越的法は存在しない。それが、国家が交戦権と（集団）安全保障を手放せない理由である。内に向かっては国民の強力な統治と同一的把握、外に向かっては終わりなき競合と相互参照、そして同時に、外部を遮断する可能性の担保。国民国家の境界を多重的に横断するようにして、戦争がビルトインされている。

このような国家社会の体制が拡大したのが一九世紀である。そして二〇世紀以降、広く世界を覆っていく。直接的な震源は、フランス革命とナポレオン戦争だった。王権の自然的所有物ではない「共和国」、それを支える「国民」の誕生。国家への強烈な帰属意識が国民軍をもたらし、ヨーロッパを飲み込んでいった。ナショナリズム／国民軍と、革命つまり新たな国民＝国家創出への理念的権利。政治上の左翼と右翼を複雑に巻き込みながら、この両者が周辺諸社会に伝播する。戦争現象を総体的に考察するクラウゼヴィッツがナポレオン後に登場したのは必然的だったが、兵士の大量動員と非合理な愛国心的感情は、国家間外交の延長線上にある限定的戦争という、彼が考えたエコノミーを容易に突破する契機を内在させていた。国民戦争から世界戦争へと、国民国家というしくみは戦争を大規模化し、激発させていく。社会のすべての人員を巻きこむ総力戦体制と、自己の存続を危機にさらしてまでも外部（もしくは内部の）「敵」を徹底的に破壊しようとする、全体戦争の冷たい狂気とが連なり合う。

国民国家を越えて？

フランス革命に触発された後発国家ドイツを事例にして、こうした道行きを丁寧になぞっているのが細見和之『「戦後」の思想』である。カント、フィヒテ、ヘーゲルからアレントやハーバーマスらのテクストを追いながら、彼らが同時代的戦争をどのように思想的に生きたかを読解する。ホロコーストという究極の蛮行が、近代的合理性のただなかで生じたのはなぜかを頂点に置く書き方も、アドルノ以来の正統的関心を継いでいる。

ただ、戦争の現在地点を考えるには、この本だけでは少々足りないようだ。たとえば、第二次大戦以降、冷戦期も含めて、先進国間での戦争の可能性がまずゼロになった。これと表裏だが、ポスト冷戦期においては、国民国家の軸で説明できず、意味／無意味を語ることすら難しいかたちで、殺伐たる民族間対立や虐殺が地球上にばらまかれている（冷戦期なら米ソの「代理戦争」だとかたづければよかったのだが）。これらは本書の視座から外れる。あるいはむしろ、本書のような書き方が標準的な国民国家的「反省」であるというべきなのかもしれないが。ホロコーストの体験から「生き延びる」という倫理を引き出すといった手つきの反復が、先進国家間の戦争の可能性をふさぐものの一つであったことはたしかなのだから。

（遠藤知巳）

戦争の二〇世紀

多木浩二『戦争論』岩波新書・一九九九年
桜井哲夫『戦争の世紀――第一次世界大戦と精神の危機』平凡社新書・一九九九年

戦争の時代としての二〇世紀

二〇世紀に、戦争はその実態や意味や影響を根本的に変化させた。そのことが戦争への問いを深刻なものにし、また戦争への問いを適切に構成することを難しくしている。クラウゼヴィッツによる戦争のパラダイムが先見性をもつとしても、プロイセンの軍人として彼が経験したのは一九世紀のナポレオン戦争だった。しかし二〇世紀の第一次大戦や、第二次大戦、そして二〇世紀後半の世界各地に起こった惨憺たる内戦は、一九世紀の戦争とは異なる現実を呈することになった。多木浩二の『戦争論』はこうした視点から戦争論の問題構成を検討し、戦争へのアプローチの仕方を探究している。

一六世紀から二〇世紀の五〇〇年間における戦死者のうち約三分の二は二〇世紀に集中している。第一次大戦では一六〇〇万人を超える戦死者、二一〇〇万人を超える負傷者が出たというが、そこでは毒ガス・手榴弾・戦車・飛行機などの近代的な「科学兵器」が投入され、国民全員を巻き込む「総力戦」

の形式が戦争の内実を構成した。第一次大戦は、それを始めた人々にとっても「未知の戦争」となったが、桜井哲夫の『戦争の世紀』はこの第一次大戦の検討を通して、戦争の精神史的意味を探っている。

桜井哲夫は第一次大戦の影響を人間の精神史と世代問題に主焦点をおいて読み取り、戦後社会における「不安の世代」の出現を問題にした。第一次大戦後の西欧社会では、「戦争を生み、若い世代を虐殺させた旧世代」に対する若い世代の告発が広がり、また彼らよりも若く、戦争に行かなかった「少年少女たち」の世代が抱くようになった違和感や不安も深まっていった。そこでは「世代の亀裂」とそれに伴う父の不在に似た感覚、そして根無し草のような意識が広がり、他方ではその欠落を埋めるように「政治的崇高性」を希求する風景が立ち現れてくる。

やがて短い戦間期のあと、第二次大戦が勃発し、都市の全域を壊滅する無差別戦略爆撃や「原子爆弾」、そして民族の浄化・絶滅を企図した「ホロコースト」のような現実が加算されていく。さらに二〇世紀の後半には、米ソ冷戦を大きな背景として、世界の各地に深刻な内戦とジェノサイドが発生する。そこには戦争の新たな次元への分散と深化が認められる。

戦争の世紀と権力の様態

多木浩二は戦争に対する彼自身の把握の仕方の核心を次のように述べている。

戦争は人間の日常性を破壊する。日常性とはつまらないもののように見えて、じつは、人間の世界を立ち上げているものなのだ。これを剥ぎとられたとき、人間性は喪失し、世界は崩壊する。二〇世紀の暴力がしでかしたのはそのことだった。それはアウシュビッツと広島において頂点に達

した。（『戦争論』九〇頁）

では二〇世紀に、暴力はなぜそれほどまで大規模かつ悲惨なかたちで行使されたのか。多木はそこで二つの理由を挙げる。一つは「近代技術」（科学兵器）が異様な発達を遂げたこと、もう一つは「権力の様態」が変わったことである。ここで第二の理由、権力が人々の生そのものを管理し掌握する時代が来たという事実は重要である。ミシェル・フーコーはこのような権力の様態を「生‐権力」と呼び、その特徴を、《①人々を生きさせるか、②死の中へ廃棄する》という二重性のうちに捉えた。多木は、「生‐権力」を担う政府（国民国家）は生命の管理者となり、だからこそ、あれほど多くの人々の死を生存の確保という名のもとに正当化しえたのだという。そこには「生命を取り込んだ権力」の補完物として、「死にたいする途方もない権力」が登場していたのだと。

世紀末の問い

一九九九年の三月にＮＡＴＯはバルカン半島のユーゴの領土を空爆したが、このとき多木浩二は、戦争の新たな構図が生まれつつあることを強く意識していた。そこでは、すでにある政治的な利害の対立が前提となって戦争が起こったというより、むしろ戦争を介して政治的な対立の構図や世界のありようが可視化されたからである。多木は、戦争がもはや世界大戦やその変形・散種の形態ではなく、別の形式を取りはじめていること、そしてそれが二一世紀に増殖していく可能性を憂慮した。多木がそこでわれわれに遺したのは、「生‐権力」や国民国家という枠組を相対化しながら強まっていくグローバル化の趨勢のなかで、戦争とは何かという問いを、問い直すことであった。

（内田隆三）

機関銃の社会史

ジョン・エリス（越智道雄訳）『機関銃の社会史』平凡社・一九九三年
〔平凡社ライブラリー〕二〇〇八年
松本仁一『カラシニコフ1・2』朝日新聞社・二〇〇四年・二〇〇六年　〔朝日文庫〕二〇〇八年

「マスケット銃が歩兵を生み、歩兵が民主主義者を生んだ」

右の見出しにあるように（カイヨワ『戦争論』）、銃は単なる一兵器であるという以上に、戦争を遂行する社会や人間のあり方を変えてきた。ここではそれを「（機関）銃の社会史」として追跡してみよう。

「銃」以前の戦場の花形であった騎兵の時代、軍馬の維持や長年にわたる乗馬の訓練には、土地に根ざした経済力が必要で、それらは封建制を基盤としていた。高性能なマスケット銃の登場は、こうした時代を変えてゆく。銃歩兵の訓練は比較的簡単に行えたし、ライフル銃の開発（弾丸に回転を加えて直進性を増した）は、銃にさらに命中精度・有効射程を与え、騎馬の突撃を無効にしたのである。

一人ずつ銃を携えた歩兵が戦場の主役になる時代とは、民主主義の時代である。徴兵によって集められた兵士たちは、簡単な訓練を受けて、戦場に向かう。「国民」として自分の「国家」のために戦うのである。歩兵銃は、その象徴なのであった。

戦場の機関銃

一九世紀から導入された機関銃は、敵に向かって弾を「ばらまく」ような銃である。ただその有効性にもかかわらず、戦場に機関銃が直ちに導入されたわけではなかった。

十九世紀の士官たちは、あくまでも人間が主役で、個人の勇気や一人一人の努力が勝負を決するという古い信念に固執していた。機械〔中略〕に、戦場における昔ながらの価値観をゆるがされてはたまらない。栄光に満ちた突撃と個人的な武勇のチャンスを明け渡すわけにはいかなかった。機関銃はまさしくそれを脅かすものだ。〔中略〕伝統を重んじる紳士階級出の士官にとって、このような非人間的でしかも完全に決定的な力を持つ邪魔者を認めるわけにはいかなかった。そこで無視しようと努めた。（エリス『機関銃の社会史』、二五頁）

ただエリスによれば、アメリカの南北戦争と、植民地での戦争に限り、機関銃はこのような心理的摩擦なしに受け入れられたという。前者は、伝統的な戦場の流儀から「自由」で「合理的な」人間による戦争だったからであり、後者は、数で押し寄せてくる敵が「人間」と見なされていなかったから（！）である。銃は一つの兵器である以上に、時代時代の「人間性」の内実をあぶり出す。

大量殺戮と大量生産

それでもその威力は明らかだったので、第一次世界大戦の頃から、機関銃は重要な兵器となっていた。機関銃は明らかに陣地防御に向いており、その戦闘は、塹壕に籠もりお互いの突破を阻止し合うものになる。塹壕戦では、戦場の英雄的精神が過去のものになっていく（ベンヤミン「経験と貧困」）。膠着状態打開のために、戦車の開発や、毒ガスの研究が行われたりもした。

塹壕線は次第に両翼に延び、戦線に沿って長大化する。戦場に弾薬や食糧、医薬品などの物資を大量に運び続けなければならなくなり、戦争は、国家の生産力をも競い合わせる「総力戦」となっていった。大量《マス》生産体制は、戦争が終われば、そのまま大衆《マス》消費社会の基盤となってゆく。機関銃は、総力戦と消費社会をつなぐ血塗られた媒介の一つなのである。

機関銃の〈現在〉

第二次世界大戦後、機関銃の持つ制圧力と、ライフルの命中精度や携行性の高さとを両立させた「アサルトライフル」が各軍隊に採用されるようになる。これは、大規模な陸戦や塹壕戦に使用される兵器ではなく、敵性分子の「排除」による局所的な空間の制圧を主目的とする兵器である。もはや戦争が大国同士のものではなくなったことの表れだともいえる。

松本仁一『カラシニコフ』は、第三世界に輸出もしくはそこで模造され、内戦やテロに使用されている機関銃の「現在」を扱ったルポルタージュである。「ＡＫ47カラシニコフ」は、シンプルな設計と取り扱いの簡単さで、粗悪な模造品も含めると、人類史上もっとも人を殺した兵器といわれる。そのため、練度の低い少年兵による「活用」を許してしまっている。親を殺されたり誘拐されたりして殺人機械に仕立て上げられた少年少女の「武装解除」（伊勢崎賢治『武装解除』）は困難だ。まともな教育を受けられず、恐怖によって支配され、恐怖によって支配しようとする。何も与えられなかった彼らに「カラシニコフ」が与えられたのだった。

（野上元）

空爆の社会史

荒井信一『空爆の歴史――終わらない大量虐殺』岩波新書・二〇〇八年
前田哲男『戦略爆撃の思想――ゲルニカ－重慶－広島への軌跡』朝日新聞社・一九八八年
［新訂版］凱風社・二〇〇六年

「空爆の社会史」と二〇〇〇年代

二〇〇〇年代は、「空爆の社会史」に関する研究が、大きく進展した時代だった。そのきっかけとなったのは、二〇〇一年、9・11テロ事件に続く、アフガニスタン戦争、二〇〇三年、イラク戦争における大規模な空爆の実施と、膨大な民間人犠牲者を出しながら、それらの戦争が、むしろ世界の混乱を深め、行き詰っていった現実である。二〇世紀を通して、最新の装備と兵器で固められた航空戦力は、覇権国の独占する「力」の象徴であり続けてきた。しかし、アフガニスタン・イラク戦争の帰結は、こうした、「力」の持つ自明性に、疑念を突きつけた。

このような問題意識を背景に、一九一一年、イタリア軍によってトルコ領リビアに行われた最初の空襲／空爆から、現代の戦争にいたる、「空爆の歴史」を、批判的に検証する研究が、世界の様々な地域で開始された。こうした、研究潮流は、それまで、「空襲される側」の立場から積み上げられてきた記録や研究を再発見しながら、個別の都市や地域に埋め込まれた空襲／空爆の記憶を、「空爆の歴史」の全体的な流れのなかに置き直した。

二〇〇二年、東京都江東区に財団法人（現公益財団法人）政治経済研究所の付属施設として東京大空襲・戦災資料センターが設立され、空襲／空爆研究の拠点が形成されるとともに、海外研究者との交流もはじまった（詳しくはウェブサイト参照 http://www.tokyo-sensai.net/）。

二〇〇〇年代後半に出された、前田哲男『戦略爆撃の思想』（新訂版・二〇〇八年）、荒井信一『空爆の歴史』、田中利幸『空の戦争史』は、こうした、研究潮流を吸収しながら書きあげられた、日本の代表的な空襲／空爆研究である。

空襲／空爆の発展と東アジア

空襲／空爆という攻撃手段の発展にとって、日本という国家と東アジアにおける戦争は重要な役割を果たした。アジア・太平洋戦争末期、日本はアメリカ軍の徹底した焼夷弾空襲と原爆投下を受け、多くの民間人犠牲者が出た。同時に、日本は、それに先立つ日中戦争の過程では、中国諸都市に空襲／空爆を行い、特に、中国の戦時首都がおかれた重慶では、一九三九年から三年間で、約一万二〇〇〇人が犠牲になった。

この日本軍による中国都市空襲が、一九三七年、スペインにおけるゲルニカ空襲から、広島・長崎への原爆投下に至る、「戦略爆撃」発展史の重要な「ミッシング・リンク」であることを明らかにしたのが、前田哲男『戦略爆撃の思想』（朝日新聞社版・一九八八年）である。前田の研究は、中国語に翻訳され、中国現地の空襲研究に影響を与えるとともに、日本においてもそれまであまり取り組まれていなかった、中国都市空襲研究の活性化につながっていった。

〈帝国〉と空襲

二〇〇〇年代、圧倒的な軍事力の落差を背景に行使される空襲／空爆は、中枢都市地域への組織的・継続的な「戦略爆撃」に焦点を当てた、前田の研究では後景に退いていた、空襲と植民地主義のつながりに、あらためて光を当てるきっかけになった。荒井信一『空爆の歴史』では、いわゆる、「戦略爆撃」の理論が確立される以前の、欧米帝国主義諸国によるアフリカや中東地域への空襲／空爆（植民地領内で行われる空襲は、「戦争」行為ではなく、「治安」の概念に含まれ、空襲研究の盲点になっていた）を詳細に論じ、また、空襲／空爆研究の視野を、戦後の朝鮮・ベトナム戦争、現在まで広げることによって、植民地主義的な観念が、現在までかたちをかえて、継続していることを指摘した。

田中利幸『空の戦争史』は、イギリスの国立公文書館所蔵資料を用いて、一九二〇年代、イギリスによるイラクなどの中東地域への空襲／空爆の実態を描きだした、重要な研究である。

二〇〇六年、東京地裁に重慶大爆撃訴訟、二〇〇七年、東京大空襲訴訟、二〇〇八年には、大阪地裁に大阪大空襲訴訟が、かつて、空襲／空爆を「受ける側」に置かれた人々によって、提訴されている（山本唯人「ポスト冷戦における東京大空襲と「記憶」の空間をめぐる政治」）。日本とアジアからの発信と空襲の記憶の問い直しは、今も、空襲／空爆研究の焦点であり続けている。その人々の〈声〉から何を受け取り、未来へと発信できるか――それが、「空爆の社会史」に問われていることである。

（山本唯人）

国家のシステムと暴力

アンソニー・ギデンズ（松尾精文・小幡正敏訳）『国民国家と暴力』而立書房・一九九九年
畠山弘文『近代・戦争・国家――動員史観序説』文眞堂・二〇〇六年

国家と暴力

戦争は社会状態の表出であると同時に、その社会の変革を促す本質的な要因でもある（ブートゥール他『戦争の社会学』）。この戦争の遂行主体が、国家である。だが、従来の社会科学は、戦争との関係で国家を十分に論じてこなかった。その典型が資本主義を主要な分析対象とするマルクス主義である。だが、グローバリゼーションが国民国家を揺るがすとき、改めて問いが浮上する。国家とは何か。

国民国家の歴史社会学

アンソニー・ギデンズは、『国民国家と暴力』において、近代の解明のために、資本主義と工業主義を区別し、従来の社会理論が見落としてきた監視と暴力手段の管理（軍事力）の次元を分析する必要を訴える。資本主義、工業主義、監視、軍事力というモダニティの四つの次元に注目することで、国民国家と軍事力の結びつきの体系的な解釈が可能になる。

まず、国家が、監視と暴力手段の管理という点から理論化される。国家は、配分的資源と授権的資源を集中させる「権力の容器」であり、その中で管理的権力が生成される。この管理的権力は、コミュニケーション技術や軍事技術の発達によって強化されていく。さらに、社会システムとしての国家は、その再生産のために「再帰的モニタリング」を行う。すなわち、環境内での自己の行為を観察、参照することで、自己を再編成していく。それゆえ、国民国家は、国際関係と並行して成立する。

この枠組みによって、国民国家の成立と展開の歴史社会学が可能となる。近現代に成立した国民国家は、伝統的国家や絶対主義国家とは質的に異なった社会秩序である。伝統的国家は、都市と農村の関係を基本とした階級分断社会であり、その管理的権力は領土境界に符合しない。だが、主権概念の成立とともに、国家間システムが成立し、領土が確定する。こうして、絶対主義国家が伝統的国家から区別される。さらに、工業資本主義が発達し、シティズンシップの理念が生じ、領域内への管理権力が浸透することで、国民国家が出現する。このシステムは、第一次世界大戦によって、地球規模に拡大する。戦争の工業化が「総力戦」体制を確立し、大戦後の条約によって国民国家は正統性の原理となる。そしてわたしたちが生きる社会が成立する。

動員の近代

他方、畠山弘文は、『近代・戦争・国家』においてモダニティの成立における軍事力の根源性を強調し、「動員史観」を提起する。「動員史観」とは、歴史形成における国家と国際関係の意義を重視する社会理論である。国際関係と戦争＝国家が近代を生み、動員が近代を一貫する。

この動員史観は、ギデンズ同様に、マルクス主義と自由主義という「十九世紀型社会科学」に対抗して提出されている。「十九世紀型社会科学」は、イギリスの世界的なヘゲモニー状況を反映したものであり、一国史的分析と社会経済的分析を特徴とし、国家間で生じる戦争を見落としてしまう。だが、一九世紀はむしろ例外的な時代であり、近代を通じて国家による動員は一貫してきた。中世世界の崩壊は、全体的な秩序の危機をもたらし、以来、戦争はつねにありうるべきものとして潜在化し、常態化してきた。このような状況の中で、主権＝国民国家は、戦争のためにあらゆる資源を動員する、最も合理的な統治形態である。

しかし、本書の白眉は、国家的動員の分析が、現代日本の日常的な現実の分析に架橋されることである。動員の論理は、社会を構成する論理となると同時に、内なる動員として内面化され、人々の生の様態に深く浸透している。日本社会は、近代の論理が過剰なまでに純粋化した社会であり、動員を内面化した「我慢」し、「頑張る」〈よい子〉があふれる。畠山は、これらの形象を、戦争・国家・国民に対応した、《競争》《組織》《成員》という動員体制の三層構造によって分析していく。

暴力／権力と抵抗

暴力は、対として、抵抗の考察を導く。ギデンズによれば、監視の増大は監視される側との関係性の増加を意味するため、常に抵抗の余地が生じる。他方、畠山によれば、動員の歴史的規定性を捉えることが、その乗り越えを可能にする（復員）。国家は、日常的にはむきだしの暴力としてでなく、承認と同意により構成された権力として現象する。暴力はいかにして権力として成り立ちうるか、その権力に対しいかなる批判や抵抗が可能であるのか。国家の社会学は、さらなる問いを開いていく。（新倉貴仁）

戦争とジェンダー／セクシュアリティ

上野千鶴子『ナショナリズムとジェンダー』青土社・一九九八年
ジョージ・L・モッセ（佐藤卓己・佐藤八寿子訳）『ナショナリズムとセクシュアリティ——市民道徳とナチズム』柏書房・一九九六年

戦争を読み解く視角としてのジェンダー／セクシュアリティ

ジェンダー／セクシュアリティは、性中立あるいは無性であるかのように語られてきた領域がいかに性によって秩序立てられているのかを暴き出し、そのことによって当該領域の件別秩序を脱自然化して考察するための視角である。

戦争とジェンダー／セクシュアリティといえば、戦争が人々にもたらす被害とジェンダー／セクシュアリティのかかわりをイメージするのは容易だろう。戦時性暴力はまさにその交差点に位置する重要なテーマであり、男女の間の加害／被害の非対称性、男性兵士と被害女性がどのような性的存在として意味づけられているのか、といったことが探究すべき問いとして浮上する。

「女性の国民化」という背理から国民国家の脱構築を意図した上野千鶴子の論争的な著書『ナショナリズムとジェンダー』は、「従軍慰安婦」を語るパラダイムを次の四つに整理している。女性のセクシュアリティを男性の所有物ととらえて沈黙を強いる「民族の恥」パラダイム、強姦は戦争につきものと男性のセクシュアリティを自然化して免責する「戦時強姦」パラダイム、自由意志による性労働者と位置づけることで被害を自業自得だとする「売春」パラダイム、人権をふみにじられた性奴隷として「モデル被害者」をうちたてかねない「軍隊性奴隷制」パラダイム。

変遷するパラダイムの各々に問題が指摘されるが、ここでは、パラダイム間に優劣をつけ、あるいは調停し、ただひとつの「真実」をみつけ出すことが目指されるのではない。歴史とは「現在における過去の絶えざる再構築」（一一一頁）であり、元「慰安婦」の語りは「正史」が国民国家の僭称に過ぎなかったことを私たちにつきつけているのだ、ということこそが確認されるのである。

戦争を推し進める性別秩序

一方、ジェンダー／セクシュアリティのおりなす性別秩序が戦争を推し進めることにどう貢献してきたのかというのも重要な問いである。ドイツ特殊性論を離れ、近代ナショナリズムの問題としてナチズム研究をしてきたモッセは『ナショナリズムとセクシュアリティ』において、近代国民国家がいかに正常／異常の区別を基礎として成り立ち、それがセクシュアリティの観念とどのように密接なかかわりをもっていたのかを論じた。

「戦争は男らしさへの誘惑」（一四五頁）であり、軍隊は「男らしさの学校」である（キューネ編『男の歴史』、八〇頁）。近代国民国家が男らしさの理想をつくりあげていく中で、同性愛者をはじめとする「男らしくない男性」もまたそのネガとしてつくられる。モッセによれば、「近代的な男性性は対抗的タイプを必要としており、対抗的タイプの烙印を押された者たちは、理想的なタイプを模倣しようとするか、支配的なステレオタイプの対極に自己定義するかのいずれかだった」（モッセ『男のイメージ』、一二一頁）。一方、戦友愛に代表される男性間の友情は、注意深くセクシュアリティから切り離され、至高の人間関係として持ちあげられ、ナショナリズムの支柱となったのだ。

また、エンローは『策略』で「男らしい男性」という不安定な地位が、彼らを「男らしい」と考えてくれる女性たちに依存することに注意を促している。彼女たち「女らしい女性」には、士気の向上、癒しの提供、次世代の兵士の育成、兵士が生命を賭すに値する母国のシンボルといったさまざまな役割が与えられ、「男らしい男性」とともに戦争を促進したのであった。

性別秩序を変革する戦争

戦争は暴力を「男らしさ」として最高位におくが、男／女らしさ、男性／女性領域という境界を揺るがすことで、性別秩序を変革もする。男女の領域を明確に分離する性別秩序に最後までこだわったとされる日本とドイツでも、総力戦の最後には女性を戦闘へとひきだすことを画策せざるを得なかった。だが、戦況によりやむを得ず越境を求めつつ、既存の性別秩序の破壊を恐れ、境界は何度もなぞられる。

これは女性兵士の創出がずっと以前から見られたアメリカなどの諸国においても同様だった。敬和学園大学戦争とジェンダー表象研究会『軍事主義とジェンダー』や佐々木陽子『総力戦と女性兵士』の表象分析が明らかにするように、女性兵士の「女らしさ」が頻繁に強調される背景には、戦争による性別秩序変革への恐怖が同じように透けてみえる。そして、戦時になされた性別秩序の変革も、ひとたび戦争が終結すれば「逸脱」からの回復を求めて女性たちを「女らしい女性」にふさわしい場所へと押し戻したのだった。

（佐藤文香）

近代組織としての軍隊

ラルフ・プレーヴェ（阪口修平監訳・丸畠宏太・鈴木直志訳）『19世紀ドイツの軍隊・国家・社会』
創元社・二〇一〇年

君主の軍隊から国民の軍隊へ

近代軍隊は、フランス革命とそれに続く動乱のなかで誕生したといわれる。軍隊はこれまでのような君主の私物ではなく、ナショナリズムによって統合される国民の軍隊へと変わったのである。それに伴い、大半の人々と無関係だった軍隊が、今や「全国民の基幹学校」という役割を与えられ、人々の生活の奥深くまで入り込むようになった。

戦争の性質も大きく変わった。君主の私事であった従来の戦争は、これまた大半の人々の生活と無縁のものであった。戦闘に際して用いられた消耗戦略もまた、戦争に強い限定的性格を与えていた。だが今やこの制限が取り払われ、戦争は国民の総力を結集して行われるようになったのである。加えて、敵への憎悪や革命理念の普及といった、情念やイデオロギーが持ち込まれ、戦争の破壊的性格は格段に高まった。

プレーヴェは『19世紀ドイツの軍隊・国家・社会』において、軍隊や戦争に生じたこれら一連の変化を次のように要約する。近代の戦争は「国民が有するあらゆる物的・人的資源を全面的に投入し、敵の殲滅を目指すもの」になったのであり、「兵役や従軍は多くの者の職業となり、それ以上に多くの者にとっては国民としての名誉になった」（九頁）のである、と。

一般兵役義務――皆で担う共同体の防衛

近代軍隊の制度的な核をなすのは、一般兵役義務である。「成年男子全員に課せられる兵役義務」を意味するこの言葉は、たしかに内容的には徴兵制度と大差ない。しかし、理解をそこでとどめてしまったり、あるいは徴兵制度を（戦後のわが国で支配的なように）「国家権力による死の強制」と理解してしまうと、この制度のもつ近代的性格を完全に見失うことになる。注目すべきは、近代社会が「皆に開かれ、皆で共有する社会」だということである。前近代は分業社会であり、政治も経済も、戦争も知的活動も、それを専業とする集団や身分によって担われていた。近代はこうした分業体制を否定して、あらゆる活動を共同体の成員全体に等しく開放しようとする。だからこそ、選挙権という政治参加の権利や営業の自由が要求され、もたらされたのである。

共同体の防衛もまた、すべての成員に等しく共有されねばならない。長い間この業務を担ってきた貴族や武家を否定し、それに代わって共同体の政治主体になるのなら、近代市民（公民）はなおさら、自らすすんでこの義務を負わねばならないのである。こうした考え方こそ、一般兵役義務の背景をなす近代的理念に他ならない。祖国防衛を政治参加と結びつけ、公民が当然果たすべき崇高な義務とするこの主張は、革命に先立つ後期啓蒙の時代に、体制批判として現れたとプレーヴェはいう。そして、フランス革命時の国民衛兵を経て、一九世紀初頭のプロイセン軍制改革によって、はじめて一般兵役義務が制度化された。他のヨーロッパ諸国に比べて、半世紀ほど先駆けての導入であった。

近代における軍隊と社会――社会の軍事化・軍国主義

近代が「共同体の成員全体に開かれ、共有される社会」を指向し、軍隊や戦争をもその一環として取り込む以上、軍隊と社会との距離がそれ以前に比べて格段に縮まるのはまったくの必然であった。かくして、アンジェイエフスキーの分類を用いるなら、軍事組織は職業戦士型から、軍事参与率（戦争に動員されるものが人口全体のなかで占める割合）の高い一般徴兵型へと移行する（アンジェイエフスキー『軍事組織と社会』）。だが、同時にその一方では、一般兵役義務などを通じての、政府や軍部による「上からの」作用と、民衆の「下からの」積極的な軍隊受容とが相まって、市民社会の隅々にまで軍隊の価値観や思考様式が浸透した。社会の軍事化、軍国主義と呼ばれる現象である。

プレーヴェはこれを「一九世紀ドイツ軍事史の核心問題」と見なして、ドイツにおける軍事化の過程、軍国主義の諸要因や研究状況を説明する。だが、もしわれわれがこれをドイツだけの問題として論じるなら、それは不適切であろう。社会の軍事化は、特定の地域や国家に固有のものではないからである。それは「一九世紀末以降には、ドイツに限らず西欧国民国家に広く見られた現象」であり、「一般兵役制に立脚した『武装せる国民』社会に共通の現象」であった（阪口修平・丸畠宏太『軍隊』、一八七頁）。社会の軍事化とは、言うなれば、社会の根底的な民主化過程と表裏一体の、近代特有の現象なのである。

（鈴木直志）

軍事エリートの社会学

山口定『ナチ・エリート――第三帝国の権力構造』中公新書・一九七六年
永井和『近代日本の軍部と政治』思文閣出版・一九九三年
広田照幸『陸軍将校の教育社会史――立身出世と天皇制』世織書房・一九九七年

軍人と文民

近代組織としての軍隊では、軍人のリクルートも、世襲身分ではなく能力的選抜へと制度化されていく。しかし、それは軍人と非軍人（文民）の壁をなくすことを意味しない。自分の生活拠点が外にある一般の兵士とは異なり、軍人にとっては軍隊にこそ自らの存在理由がある。いくら軍事的な知識や技能に優れていても、文民を軍人に抜擢することはない。軍人になるには、士官学校などの軍事エリート養成機関で専門教育を受けなければならないし、その進路の選択も、本人の意思だけでなく家庭環境が大きく影響するだろう。だとすれば、軍人と文民のあいだには知識・技能だけでなく、思考や身体の作法にまで及ぶ違いが生じてもおかしくない。

ただし、その「違い」が生じる背景は、西欧と日本では異なる。西欧の場合、軍人のリクルート基盤はながらく社会の上層（土地貴族やブルジョア）にあった。日本の場合は、明治維新によって武士という特権的な身分が解体され、学力による選抜が徹底したため、社会の中層部分と結びついていく（広田照幸『陸軍将校の教育社会史』）。だから軍事エリートになることは高貴な身分にともなう社会的義務というよりは、貧しくても努力すれば偉くなれる立身出世のルートだった。軍人となった後も昇進と保身のための努力を怠るわけにいかない。しかし昭和陸軍の「狂信」的に見える振る舞いにも、この「努力」の成果が含まれているとしたら……。

軍人と文民は「違う」が、その由来は社会的出自と選抜システムという補助線を引くことによって、共通の尺度で比較ができるのである。広田の本と併せて、文民エリート（旧制高校―帝大）を研究した竹内洋『学歴貴族の栄光と挫折』も参照されたい。明治期には重なりが大きかった両者のリクルート基盤がしだいに乖離していったとすれば、どうなるか。この広田の問いは竹内にも引き継がれている。

軍部と政治

政治や世論から距離をとっていたはずの軍部が、政治的影響力を行使するようになったのが一九三〇年代である。それを生身の人間同士が繰り広げる葛藤のドラマとしてではなく、閣僚名簿と職員録というデータの集計分析から軍人占有パターンとして提示してみせたのが、永井和『近代日本の軍部と政治』である。すると、軍部の政治的影響力の増大と対応するのは、内閣の閣僚よりも、行政機構（とりわけ総動員や占領地関係）への現役軍人の参入であることがわかる。行政官僚は試験任用が大原則であるが、原敬内閣が政治主導のために拡大しておいた特別任用の「穴」から、軍人たちは入ってきたのだ。

軍人と文民という「違う」人種が、同僚として上司部下の関係に入ることは、「軍部の政治介入」にとどまらないインパクトをお互いにもたらしたのではないか、と想像される。

ナチス・ドイツの場合はどうか。昭和前期の日本と違って、国家を動かしたのは軍人ではなく、文民集団＝ナチ党である。ナチ党が社会の中層に基盤をもつ新興勢力であるのに対して、国防軍のエリートの基盤は土地貴族《ユンカー》などの伝統的支配層だったから、もともと相容れない。それが「軍部への文民支配」へと舵を切ったのはなぜか。国防軍は再軍備を欲していたから、ナチ党がそれを約束する代わりに、党章である鉤十字《ハーケンクロイツ》を制服の一部に導入し、兵士にヒトラーへの忠誠を誓う宣誓をさせるという譲歩をしてしまった。さらに再軍備によって軍人が急増したことで国防軍エリートの社会的な同質性も失われ、ナチズムに感化されたニュータイプの軍人が大量に養成されたことが大きかった（山口定『ナチ・エリート』）。

かように、軍人と文民、軍部と政治のバランスは難しい。軍人の政治不関与や統帥権の独立といった「文武の峻別」の原則は、この危うさを見越した先人の知恵だったのかもしれない。

戦後日本の軍事エリートの場合はどうか。防衛大学校の前身である保安大学校が設置（一九五二年）されてから、はや六〇年。入学者の社会的属性や在学中の成績、任官後のキャリアパスなどの社会学的データを利用した、戦前期との実証的な比較研究が待望される。

（井上義和）

失敗の本質

戸部良一・寺本義也・鎌田伸一・杉之尾孝生・村井友秀・野中郁次郎
『失敗の本質――日本軍の組織論的研究』ダイヤモンド社・一九八四年〔中公文庫〕一九九一年

戦後日本社会と「反省」の制度化

現在の日本語世界において「戦争」というとき、第二次世界大戦（太平洋戦争）へと至る戦時体験と敗戦とが、つねに暗黙の中心になっている。あの戦争の意味を繰り返し「反省」するという身振りが、特異なかたちで様式化されてきた。責を「軍部」に押しつけて「民衆」からは切り離すが、被害者としての立場から「軍部」を声高に告発することは滅多にない。同時に、侵略に荷担し（させられ）た加害の疚しさを突きつめる態度（ただしそれは、情緒的に恥じ入ることと同義ではない）も明確化されない。むしろ「軍部」と「民衆」とが、そして被害者性と加害者性とがないまぜになりながら、人称を欠落させた「懺悔」へと溶かし込まれていく（「過ちは繰り返しませぬから」）。

このような態度は、戦前の社会体制がいかに戦争をもたらしたかを冷静に解剖するというより、むしろそこから目を逸らして「平和」や「民主主義」という戦後的価値を学習するという構えと循環する。

民衆／軍部、被害／加害のどちらに力点を置くかに差異があったとはいえ、右も左もその点は基本的に同じだった。さらにいえば、こうした戦争の意味論的処理は、太平洋領域における現実の戦後処理をなぞってもいた。

失敗を見据えること

こういうやり方にはそれなりの利点があった。しかし、これは普通の近代社会的な反省とはちがう。かかる戦後的「反省」の制度を越えるものは少ないが、いくつかの文学作品と並んで、戸部良一他『失敗の本質』がその一つだろう。この本は、ノモンハン事件、ミッドウェー作戦、ガダルカナル作戦、インパール作戦、レイテ海戦、沖縄戦という六つの事例研究を通して、日本軍の軍事行動が失敗するさいの典型的パターンを構造分析している。軍隊という「特殊社会」（大西巨人）が中空に浮いているのではない以上、その失敗は日本社会の特性を極端に凝縮したかたちで表現しているのである。

こうした視角によって本書は、日本社会の社会科学的分析の古典としての地位を獲得した。同時に、戦前／戦後を貫く日本的組織の定性的特徴を抉出したことで、日本社会がいかにして無謀な戦争へと至ったかに対して、この社会がもちえたもっともまっとうな近代的反省の一つを提供している。戦争目的を曖昧にしたまま突入する「戦略と戦術の未分離」。「巨艦主義」を典型とする「成功体験への固執」、裏返せば、失敗からの「学習を軽視した」組織作り。「属人主義的な組織の統合」が「空気の支配」する『主観的で帰納的な戦略策定』をもたらし、場当たり的な「戦力の逐次投入」を繰り返す「幹部の無能」のつけを、下級兵士たちの「現場のがんばり」に押しつけるやり方が常態化していく……。ここで描き出された日本軍という組織の姿は、現在の社会にとっても無縁ではない。

「失敗の反省」の制度化

とはいえ、そこには一定の限界もある。たとえば戦力の逐次投入については、それが逐次投入であったかどうかは、論理的にいってつねに事後的にしか判定できない。じっさい、戦後のアメリカ軍においても、そういう事例はいくつでも見つかる。あるいは、あの悲しい巨艦信仰は、方針の愚かさというよりも、兵器や装備を分厚く展開できないからこそ一点豪華主義に走るしかなかった日本帝国の貧しさを絶対条件としている。逐次投入が決定的敗因の一つに見えることも、結局は貧しさの関数なのである。その意味では、どう考えても、対米宣戦布告自体が最大の「失敗」であったというほかはない。本書の批判は、アメリカの物量主義に圧倒された経験を逆方向からなぞっている。

たぶんそれも含めて、この本が提示した分析概念の多くが広く流通することになったのだろう。ちょっと気の利いた人なら誰でも、会社や官庁や政府の施策を「戦力の逐次投入」として批判できる。「何よりも駄目なニッポン」、非効率的な日本型組織をあげつらう、戦後における便利な道具になったのだ。社会科学の流れでいえば、本書は日本型組織論華やかなりし時期に登場し、裏側からその弱点を語っている。だが、このひっくり返し自体が、どこか「日本型」なのかもしれない。たとえば、福島原発のあの事故以降、この本が飛ぶように売れたのを見るにつけ、何ともいえない居心地の悪さを覚えるのだ。「総力戦体制」であるかのような気分のもとで、戦略の不在を、場当たり的な方針を、がんばる現場と幹部の無能を、対岸の火事のように論評してしまえること。それが戦後的なるものの引きのばされた反復であることはまちがいないが、こういう「反省」の繰り込みをどのように考えたらよいのか、にわかに言葉が出ないのである。

（遠藤知巳）

徴兵制

大江志乃夫『徴兵制』岩波新書・一九八一年
一ノ瀬俊也『近代日本の徴兵制と社会』吉川弘文館・二〇〇四年
尹載善『韓国の軍隊――徴兵制は社会に何をもたらしているか』中公新書・二〇〇四年

近代国家と徴兵制

近代国家は軍隊を常設し国民に兵役義務を課すことで、侵略や防衛に向けた人的資源を確保してきた。徴兵制とは国家が個人の身体を物理的に拘束し、他者への暴力を正当化し、死を合法化することを可能にした近代的制度である。

大江志乃夫『徴兵制』は、一九八〇年のアメリカにおける徴兵登録制度復活法案の成立、それに伴う日本の防衛力への要求の急速な高まりを背景に刊行された。徴兵制が英語で「兵籍に登録する」ことを意味するconscriptionであることは非常に示唆的である。つまり徴兵制が示す問題領域は、物理的な身体の拘束のみならず、個人データの登録と名簿による制度化を含んでいる。大江は、徴兵制が純粋に軍事的要請にもとづき施行されるだけでなく「上からの国民統合を実現していくための、広義の危機管理政策」であり、「きわめて政治的な一種の〝国民精神総動員〟の政策」（八頁）であることを強調した。

一八七三年に制定された日本の「徴兵令」は、満二〇歳の男子を集め、常備軍・第一後備軍・第二後備軍の三段階に分け、合計七年の兵役義務を定めた。このほか、免役者を除く満一七歳から四〇歳までの男子のすべてを国民軍の兵籍に登録した。ただし、山県有朋が主導したこの徴兵令は、後備軍および国民軍の訓練や武装が保障されていない点で、国民皆兵の実現とはかけ離れたものであった。徴兵令が布かれると、徴兵反対一揆や徴兵逃れのための戸籍の改ざん、養子縁組なども公然とおこなわれた（六四頁）。

日常のなかの軍隊

日清・日露戦争を通じた兵力の大量動員はこうした状況を一変させた。特に日露戦争は、動員可能なすべての兵力を動員する兵力の大消耗戦をもたらした。その過程で新たに植民地となった台湾、朝鮮にも常駐軍隊を設置したが、被支配民族を軍隊に編成せずに日本人兵士のみを常駐させたのは日本の植民地支配の大きな特徴であった。この体制が当分維持されたのは、何より高度な忠誠心を必要とする兵役義務を「日本人」になりきらない「外地人」に任せることができなかったからであった。

日本人兵士であっても精神的管理が求められるのは同じである。普通の人々が殺し殺される制度である徴兵制が円滑に成立するためには、そのための様々な社会的装置が必要となる。一ノ瀬俊也『近代日本の徴兵制と社会』は、外圧的な国家権力の発動よりは、日々の営みのなかで国家と社会が兵役義務を正当化していく過程に注目した。一ノ瀬が徴兵制をささえるサブ・システムとして注目したのは、「軍隊教育」と「軍事救護」であった。日露戦後の軍隊教育過程で兵士たちが書かされた「日記」や「所感」は、彼らが軍隊的な〈ことば〉を習得していくうえで有効に機能していた（五五頁）。また、日中戦争以後に増大する政府による物質的援護の一方で、〝郷土〟の名のもとでの精神的援護は自らの身内の死の公的な意義づけという点で無視できない意味を持っていた。「このような兵士や遺族の心情が、結局は彼らを体制に馴致させていったことを考えれば、紋切り型であるから意味がないと切り捨てることはできない」（三二二頁）のである。

徴兵制の現在性

このように徴兵制は、近代日本の社会や民衆を考えるうえで欠かせない歴史的経験であった。しかしこれは果して過去の遺制であろうか。二〇世紀の分断国家を代表する朝鮮半島では今日まで徴兵制が布かれ、軍事境界線をはさんで南北が対峙する状況が続いている。尹載善『韓国の軍隊』は、韓国が半世紀にわたり軍事文化を育ててこなければならなかった現実とその痛みについて、その過程でアメリカとの同盟関係を結びつつ構築されてきた権威主義体制について、日本の読者に向けて開かれた議論を提供している。尹は「韓国の徴兵制は帝国主義の産物であり、休戦ラインはこのシンボル」（二五〇頁）であると述べる。朝鮮半島をはじめとする戦後東アジア内部で形成された敵対的関係は、大日本帝国の経験と決して無縁ではない。日本で繰り返される徴兵制導入という主張の是非は、日本の徴兵制の歴史性だけでなく、東アジアの同時代性のなかで厳しく問われなくてはならない。

（趙慶喜）

日本の軍隊

吉田裕『日本の軍隊――兵士たちの近代史』岩波新書・二〇〇二年
飯塚浩二『日本の軍隊』岩波現代文庫・二〇〇三年

兵士の社会史

旧日本軍といえば、軍隊内部の不合理で陰湿な暴力が思い起こされるだろう。だが、他方で、軍隊生活を懐しく顧みたり、軍隊組織を肯定的に捉える見方も少なくない。だとすると、人々にとって軍隊とはいかなるものであったのか。それは、環境や立場によっていかに相違したのか。吉田裕『日本の軍隊』は、日本軍隊の近代史を俯瞰しつつ、軍制史や戦争史というよりは、「できる限り兵士の生活史や社会史に眼をくばりながら、兵士の目線で」、これらの問題を解き明かしている（二二四頁）。

多岐にわたる論点のなかでも興味深いのが、農村・農民にとっての軍隊の位置づけである。貧困に喘ぐ農村出身者にとって、軍隊は、上質な食事が与えられ、衣服（軍服・軍靴）も支給されるなど、恵まれた環境に思えた。初年兵のあいだは、古年兵による理不尽な暴力を受けるが、彼らが二年兵ともなると、初年兵を存分に酷使することができた。彼らの出自は様々であったが、一度、内務班に入ってしまうと、小作農の子弟も大学生も対等であり、前者が後者よりも優位に立つことすらあった。また、上等兵や下士官に昇進した者は、それが「箔」となって、除隊後、かつて考えられなかったような社会的地位を得ることもできた。

組織病理

だが、日本の軍隊が深刻な組織病理を抱えていたことも事実である。陸軍士官学校や海軍兵学校出身者が将校として軍隊内部での昇進が可能であったのに対し、兵として入隊した者はせいぜい下士官・准尉どまりであった。士官学校出身者であっても、陸軍省軍事課や参謀本部作戦課などの重要部局に配属されるのは、陸軍幼年学校出身者で陸軍大学校優等組に限られていた。

こうしたエリート主義の一方で、大学で高等教育を受けた者への反目も強烈だった。インテリ層よりはむしろ、「近代的な軍事技術を習得できるだけの最低限の知識と学力を持ち、なおかつ高学歴者のように国家や社会に対して批判的でない層として、高等小学校卒業程度の者が期待され」ていたのである（一一八頁）。

批判的な観点を受け入れる素地の欠如は、改革を阻むことにもつながった。大正期には、第一次世界大戦を受けて、用兵思想の転換（歩兵の火力の強化など）や訴願法（上官の違法な命令に対する異議申し立て）の制定が模索されたが、それも結局頓挫した。セクショナリズムも深刻だった。陸海軍それぞれが「大元帥」としての天皇に直属していただけに、戦略・計画面で両者の調整を欠き、それぞれが「自己の組織利害を体現するだけの軍拡計画の実現に狂奔」した（一一八九頁）。

抑圧のメカニズム

上官の部下に対する横暴も目立っていた。飯塚浩二『日本の軍隊』では、それが生起するメカニズムが記されている。一例をあげよう。かつて、「陸士〔陸軍士官学校〕だけしか出ていない連隊長に仕えるよりは、陸大〔陸軍大学〕出の連隊長に仕える方が楽だ」ということが言われた（一七八頁）。将官への昇進が見込まれた陸大出に対し、士官学校どまりの士官の場合、連隊長時代の成績がその後の出世を左右する。そのゆえに、上官への「点数稼ぎ」に齷齪せねばならず、師団長の前で、部下に対し、燃え盛る仮小屋を潜らせるなど、無謀な訓練を課すことがあった。軍内部の昇進構造が、末端の兵の扱いを左右していたのである。

また、同書は学徒将校の振舞いにも言及している。戦没学徒遺稿集『きけわだつみのこえ』には、反戦・平和志向の学徒兵像が浮かび上がっているが、実際には、彼らが兵に対し過剰な暴力を振るうことも多かった。では、なぜインテリの彼らがそうした所業に及んだのか。そこには、士官学校を出た正規士官に対する劣位感や、軍隊での「年季」に勝る下士官・古参兵へのコンプレックスがあった。

もっとも、これらの歪みは軍隊の中でのみ生起したわけではない。むしろ、近代日本社会そのものの中に、そうした軍隊が生み出される素地があった。出世・保身への強迫観念、下級者への横暴や家父長的人間関係、組織のセクショナリズムは、軍隊に限らず、社会の随所に見られた。農村出身の保守中間層が軍隊に一定の共感を抱きがちであったのも、冒頭にふれた地方社会の構造があった。「軍隊という社会」と「軍隊と社会」――この二つの問題系を横断的に考察するうえで、吉田裕と飯塚浩二それぞれの『日本の軍隊』は必読の書である。

（福間良明）

入営と錬成

一ノ瀬俊也『皇軍兵士の日常生活』講談社現代新書・二〇〇九年
一ノ瀬俊也『明治・大正・昭和軍隊マニュアル――人はなぜ戦場へ行ったのか』光文社新書・二〇〇四年
原田敬一『国民軍の神話――兵士になるということ』吉川弘文館・二〇〇一年

兵役という経験をめぐって

近代の日本人が〈近代〉を学んだ組織に学校や工場と並んで軍隊があったことは知られている。だが、戦後の歴史学で軍隊は批判・否定の対象であった――もちろん無理からぬことではあるけれども――から、軍隊経験も批判的に描かれることが多かった。大牟羅良が軍隊経験がある種の「人生道場」という肯定的なイメージで戦後の地域社会では語られていたことを見いだしたり、渡辺清が自己の著書の登場人物に海軍生活の方が「娑婆」のそれよりも豊かであり、ささやかな出世を可能にする場であると語らせてもいたのだが、そうした見方から軍隊がアカデミズムの場で研究されることは少なかったように思う。

等身大の軍隊経験

こうした状況が変わったのは一九九〇年代に入ってである。軍隊・徴兵がある種の客観視をされ、語られるようになったのである。もとよりそれはいわゆる「戦後五〇年」の時代、戦争を経験した世代の減少、戦争体験の「風化」という事態と同時進行していったのであるが。

原田敬一はそのような見地からの軍隊研究をリードしていった一人である。原田『国民軍の神話』は隣の兄ちゃんが軍隊に行って死ぬとはどういうことだったのか、という問題を立て、軍隊でささやかな社会上昇を遂げる兵士、軍隊で初めて白米を腹一杯食う兵士、死んで軍の墓地や郷土の忠霊塔に祀られ、忘れられていく兵士たちの姿を描いてゆく。

なお、本書の表題は「国民軍」という幻想性（＝神話）が日本で成立したのはいつか、という問題意識にもとづき名付けられたようであるが、とくにその答えは明示されていない。しかし本書の面白さは、そのような「学問的」問いではなく、ディテールにこそ宿っている。

軍隊にまつわる手紙・儀礼

一ノ瀬俊也『明治・大正・昭和軍隊マニュアル』は原田たちの成果に学びながら、近代日本における戦争や兵役が社会のなかでいかなる論理をもって語られ、結果的にその存在を正当化したのかという問題に取り組んだものである。分析対象としたのは、明治から昭和の敗戦時までかなりの数が市販された徴兵・兵役に関する手引き書の類である。

村を挙げた見送りを受ける兵士たちや、彼らに慰問文を書く女学生は挨拶や手紙のなかで何か戦争・兵役に意味を与え、肯定しなくてはならないが、どうしてよいかわからない。そのとき手にしたのが

『挨拶の仕方』や『慰問文の書き方』といったマニュアル類であった。もとよりそこに書かれるのは「軍隊＝人生道場」といった陳腐な物言いばかりであるが、その陳腐さこそが人々を軍隊や戦争に縛り付け、離さなかったというのが本書の見立てである。

軍隊は社会を平等化するのか

赤木智弘「『丸山眞男』をひっぱたきたい――31歳、フリーター。希望は、戦争。」が雑誌『論座』二〇〇七年一月号に掲載されると大きな反響を呼んだ。その戦争待望論は貧困解決を求める著者一流の戦略であって、本当に戦争が社会を平等化するかしないかはどうでもよいことなのかもしれない。ただ、この問いを考えておくことは、過去の戦争をわれわれの未来を占う具体的な手がかりとして考えていくうえで決して無意味なことではないと思い書かれたのが拙書『皇軍兵士の日常生活』である。学歴、収入、食事、慰霊といったミクロな問題をとりあげ、戦時下の日本社会においても厳然とした格差が存在し、結局は社会的に立場の弱い者が軍隊でも損をしたのであると指摘した。

（一ノ瀬俊也）

女性動員から女性兵士へ

加納実紀代『女たちの「銃後」』筑摩書房・一九八七年〔増補新版〕インパクト出版会・一九九五年
佐々木陽子『総力戦と女性兵士』青弓社・二〇〇一年
佐藤文香『軍事組織とジェンダー――自衛隊の女性たち』慶應義塾大学出版会・二〇〇四年

国民軍の誕生から総力戦へ

兵役と市民権をセットにした国民軍の誕生はフランス革命にさかのぼるといわれる。一般に女性不在でスタートした国民軍は、そこに参与できる者、すなわち男性を「国民」とすることで近代国民国家の性別秩序をつくりあげていった。

佐々木陽子『総力戦と女性兵士』は、ナショナリズムの力学とジェンダーの力学の綱引きとして女性兵士の創出を比較した書であるが、「国民」の最高位に壮年男性を位置づけた国民軍も、その戦局の進展に応じて、女性や老人や子供など、「国民」から排除された人々を「準兵士」として呼び出すという。

佐々木によれば、男性の動員が圧倒的に兵士としてあり、それに労働力動員が加わるだけの単純な図式であるのに対し、女性の動員は、母へ、労働者へ、娼婦へ、兵士へと多様かつ複雑な形態をとる。

敬和学園大学戦争とジェンダー表象研究会が『軍事主義とジェンダー』で用いた分析枠組みにならう

なら、総力戦下における女性は、戦闘参加、軍隊内非戦闘部署、従軍看護師（軍属）のみならず、聖戦意識や必勝の信念を維持し、自国文化への誇りを涵養し、家族の出征や戦死を受容する「思想戦」、消費の節約や代用品の工夫に励み、金属供出や貯蓄国債の購入に努める「生活戦」、食糧や軍需生産、共同炊事や共同保育を行う「生産戦」、母体保護、結婚・出産に励み、健民強兵や息子の志願奨励に努める「母性・人口戦」、兵士や傷痍軍人の慰問・援護・送迎といった「軍人援護」、防空演習、敵機監視、軍事訓練といった「民間防衛」など、多岐にわたる活動へと動員された。

女性解放としての女性動員

こうした動員を女性たちは泣く泣く甘受してきたのだろうか？　上野千鶴子は『ナショナリズムとジェンダー』において、女性動員という女性の国民化プロジェクトが、当時の女性運動家たちにとって「革新」と受けとめられていたことを指摘する。日本では、平塚らいてう、市川房枝、山高しげりなどが、女性動員に腰の重い当局の不徹底と弱腰を叱咤したのだった。

指導的な立場の女性ばかりではない。庶民も含めた女性の戦争協力に厳しい眼差しを向けた加納実紀代『女たちの「銃後」』は、「当時の女たちにとって、〈銃後の女〉は、一つの〈女性解放〉であった」（八四頁）と述べる。国防婦人会のスローガン「国防は台所から」に象徴的なように、女性動員それ自体はけっして既存の性別秩序からの解放ではありえなかった。だが、「兵隊さんのために」は家に閉ざされていた女性が外に出る絶好の口実として「解放感」をもたらし、おそろいの白いかっぽう着は蔑視や憐みの対象でしかなかった女工や娼婦に「平等」の幻想を確かに与えたのである。

女性兵士を超えて

佐々木が「ナショナリズムの力学」と呼ぶ戦時の性別秩序変革のダイナミズムは、戦士としての女性兵士を創出する方向へと作用する。一方、性別秩序維持の力学である「ジェンダーの力学」は、「女は銃後、男は前線」という縛りにおいてのみ作動するわけではない。ソ連、アメリカ、日本の比較研究を通じて、彼女はこの力学が、女性兵士に事務職など「女性向き」の仕事をあてがうといった軍隊内性別分業の保持に向けても作動していることを明らかにした。さらに、佐藤文香『軍事組織とジェンダー』は、戦後日本の自衛隊をフィールドに、性別秩序維持の力学がはたらくなか、男性を範型とする軍隊で二流化を余儀なくされる女性たちの困難とその構造が再生産されるプロセスを記述したものである。

「国民国家にはジェンダーがある」（上野『ナショナリズムとジェンダー』、九五頁）。女性の「一流国民」化を目指し、国民軍への参入をおしすすめようとしたフェミニズムの存在根拠はここにあった。だが佐藤が指摘したように、自衛隊同様、徴兵制度を廃した多くの国々で「兵士であること＝一流国民であること」の等式はすでに断ち切られたはずのものである。女性兵士の軍隊参入を求める一部のフェミニズムはこのロジックの延命に加担することで、この結びつきを必要とする軍隊を利してきたといえるだろう。

そして、私たちが「兵士としての女性にのみ関心を向けることは、他の多くの女性の軍事化をノーマルなものとして扱うことになる」（エンロー『策略』、七頁）。どの女性にどのような「女らしさ」を配当することで、どの男性のどのような「男らしさ」が支えられ、軍事化が進行しているのか。兵士と戦争のみならず、平時の人々の軍事化とジェンダー／セクシュアリティのかかわりを考察することが求められているのである。

（佐藤文香）

軍隊と地域

河西英通『せめぎあう地域と軍隊——「末端」「周縁」軍都・高田の模索（戦争の経験を問う）』
岩波書店・二〇一〇年

軍隊の社会史

近年、陸軍の軍都を対象にした「軍隊の社会史」と呼ぶべき研究が進んでいる。先駆的な荒川章二『軍隊と地域』は静岡・愛知両県をフィールドに軍隊と地域の関係を、日清戦争・戦後期の協力関係の創出、日露戦争・戦後期の矛盾関係の深化、第一次世界大戦以後満洲事変までの緊張関係と再浸透、満洲事変以降の十五年戦争期の変貌と切断のプロセスを経て、戦争末期には軍隊が地域から離脱することで地域が破壊されていくと整理している。

さらに、①軍都や軍郷以外の演習地をめぐる軍隊と地域の関係性（中野良）、②連隊区司令部と地域連隊をペアにして考察する必要性（宮地正人）、③軍隊の空間的拡大をとらえる軍用地論（荒川章二）、および、④地域社会の重工業化をすすめた海軍の軍港都市論（坂根嘉弘）なども注目されており、多角的なアプローチによる共同研究も始まっている。

今後、「軍隊の社会史」は近代地域史研究の主要なテーマとなっていくことだろう。

軍都とは何だったのか

河西英通『せめぎあう地域と軍隊』の論点は四点ある。

第一は、アジア・太平洋戦争への突入によって、最終的に挫折していくとはいえ、満洲事変以降も〈軍隊と地域〉関係における地域からの発言・イニシャティヴは存続し、戦時体制下でも自立的な近代化への努力と模索が執拗に追及された点である。「軍都」と名づけられた都市は戦後の到来も見据えて、自助努力を怠らなかったのである。

第二は、戦時下の子ども史において、軍都に住む小学校児童は内面性の動員は無理で身体性の動員が主であったが、中等学校生徒は身体的動員もさることながら、内面的動員が強化され、好戦熱が強烈な地域意識を形成していった点である。戦時下子ども史の地域区分として「農村」「都市下町」「都市山手」に「軍都」を加えなければならないだろう。

第三は、連隊区空間の構図を見た時、軍都の中心性・絶対性は自明のものではなかった点である。軍都は圧倒的多数の在郷軍人が在住する農村地帯に囲まれており、軍都内では軍隊の階級秩序と社会の階層秩序のミスマッチという矛盾もあった。連隊区は軍都をピークとして上下に聳え立つピラミッド構造というよりも、いわば四方に広がる「水平的」平等性の空間であった。

第四は、軍都空間が民衆に可視化される様相を神社境内・国防博覧会・街頭など複合的多角的視点から見れば、戦時期には劇的な変容を見せていない点である。しかし、滞留・連続する日常性こそが地域住民に総力戦体制を受容させていった戦時〈アトモスフィア〉なのである。

今後の課題は郷土部隊の具体的な軍事行動の分析を通して、地域史にとって戦争とはいかなる姿――それぞれの戦争――としてあらわれていたのかを明らかにすることだろう。

「軍都社会」論

近代日本の都市はなんらかの軍隊・軍事施設を抱えていた。とくに旧城下町の多くは一八八九年の市制施行時、あるいは明治末年までに都市となり、軍都として自己形成していった。〈軍隊と地域〉のもたれあい・相互依存――兵士のいる風景――は、近代都市の建設・振興・存立の型・思想あるいは技術でさえあった。軍都が旧城下町という前近代史を背景にしたきわめて日本的な軍事空間であったことを考えれば、軍都論は近代日本都市論であり、近代日本社会とは「軍都社会」であったと言い換えることも可能である。

また〈軍隊と地域〉は相犯関係であったと同時に、共犯関係でもあった。共犯関係というのは〈軍隊と地域〉は加害者として被害者を生んだからである。最大の被害者はアジアの民衆である。しかし、地域民衆も加害者であったと同時に、共犯者である軍隊の被害者であった。人々はみずからが生き住まう地域の現状と未来を、軍隊ぬきには考えられなかったからである。軍隊を相対化しようとしつつも、それに賭けるしかないと思った／思わされた点で、地域民衆もまた被害者だった。

〈軍隊と地域〉の二面的関係は敗戦によって基本的に解体・解消するが、生き残った軍港や米軍基地、自衛隊誘致などにより、新たな〈軍隊と地域〉関係が再生産されていく。

（河西英通）

銃後としての地域社会

一ノ瀬俊也『故郷はなぜ兵士を殺したか』角川選書・二〇一〇年
板垣邦子『日米決戦下の格差と平等――銃後信州の食糧・疎開』吉川弘文館・二〇〇八年

銃後とは

銃後とは、戦争を支える社会の別称である。社会が戦争を支えるとはどういうことか。いろんな支え方があるのだろうが、「銃後」という言葉が用いられる場合、例えば出征兵士の家族・遺族の生活保障が挙げられる。地域住民が家族・遺族の農作業を手伝ったり、適当な仕事を紹介したりするのである。昭和戦時期の日本では、これらの行為を「勇士の後顧の憂を断つ」と称して重視、「軍事援護」なる総称も付与した。援護が十分でなければ前線で安心して戦い、死ねない、よってぜひとも心配の種は断つべきとされたのだった。

このような視点からの戦時社会研究は近年かなりの進展をみせた。生活保障などの金銭面援護のみならず、兵士やその家遺族への慰問や激励といった精神面のそれについても、あるべき兵士・家遺族として生きることを強いる「監視」の一つととらえ、関心が高まっている。

追悼の論理とは

国家が銃後に求めた役割は兵士家族・遺族の生活支援以外にも多数あった。戦死者の慰霊・追悼である。国家は靖国神社を建てて戦死者を慰霊するが、それだけでは不十分と見なされたことは、たとえば全国各市町村に点在する忠魂碑などの存在を思えば明白である。戦死者たちは故郷の人々というもっとも身近な人々が追悼・顕彰してはじめて後に続く者も出るというのが当時の考え方であった。

一ノ瀬俊也『故郷はなぜ兵士を殺したか』は、主に日露戦後から一九九〇年代——いわゆる戦後五〇年のころ——まで、全国各市区町村で刊行された兵士たちへの慰問文・慰問誌（紙）や、戦死者の肖像や経歴を収めた追悼録などの書物を収集・通読することで、戦死者はなぜ追悼に値する、あるいは追悼されるべきと考えられていたのかを問うた。

追悼の論理は戦前と戦後で大きく変わる。戦前は国家への献身でよかったのだが、戦後のそれは負けた戦争をいかに正当化しうるのかという難問を抱え込みつつ作られ続けた。よく使われるのはなじみ深い「戦死者＝平和の礎」論であるが、それはあくまで結果論に過ぎぬと納得できない人々の葛藤も滲み出ており、かかる営みは本当に「慰霊」や「追悼」と称するに足る営みなのか？　という問いを突きつける。

日本の地域社会では戦前から戦後まで、戦争が終り一定の時間が経つと戦死者たちが忘却され、対外的危機を迎えるとまた都合よく想起されるという周期が飽きもせず繰り返されていることも重要である。

格差と平等化とは

一方、板垣邦子『日米決戦下の格差と平等』は、太平洋戦争下の長野県を事例に、銃後農村社会が戦争という異常事態のなかで強いられた変容の過程を跡づけた本である。同書が主たる分析対象としたのは『信濃毎日新聞』などの地方新聞である。当該期の新聞は大本営発表の掲載などによって象徴されるところの誇張や隠蔽に満ちているとの印象があるが、著者は小さな記事一つ一つの裏側まで読み込むことにより、戦時社会の実像を描き出すことに成功した。また、例えば学童疎開などは主に都市の視点から語られてきたが、同書はこれを受け入れた農村の視点に立ち、戦時日本社会を複眼的に観察しようとする。

この本の主題は、タイトルにもあるとおり、戦争という事態がそれまでの社会に存在した格差をいかに平等化させる力として作用したのかという点にある。著者は、総力戦体制が持てる者の余分を削り取ることで遂行されていったこと、政府が貧しい者に困苦を要請するさい「平等」が強調されたこと、かかる事態が戦後改革の基盤となったことを指摘しており、その点では従来の戦時――戦後体制連続論の立場にたっているかのようである。ただ、本書の紹介する事実、例えば疎開人口の流入により農村部も深刻な食糧不足に見舞われたこと、非喫煙者までもが頑として煙草の配給を要求して譲らなかったこと（喫煙者から見れば「悪平等」に他ならない）、女性の喫煙者の要求が無視されたことなどは、戦争で結果的に「平等」化が達成された、だからよかったのだ、と過去を無意識のうちに単純化、肯定してしまうことへの反省をうながす。

（一ノ瀬俊也）

戦場と住民

大城将保『沖縄戦――民衆の眼でとらえる〔戦争〕』高文研・一九八五年〔改訂版〕一九八八年
石原俊『近代日本と小笠原諸島――移動民の島々と帝国』平凡社・二〇〇七年
林博史『沖縄戦――強制された「集団自決」』吉川弘文館・二〇〇九年

「地上戦」をめぐる歴史認識の諸問題

日本国内で「戦場と住民」という問いに向き合うには、「地上戦」という表現にかかわる慎重な文脈化が求められる。沖縄に「住民を巻き込んだ唯一の地上戦」という言葉を重ねた瞬間、硫黄島における「住民を巻き込んだもうひとつの地上戦」は忘却される。加えて「唯一の」「もうひとつの」といった言説自体が、現在の国境を特権化する効果をもっている。そもそもアジア太平洋戦争に限っても、中国大陸・東南アジア・太平洋の島々で日本軍が遂行した戦闘は、まぎれもない地上戦であったからである。

小笠原・硫黄諸島――難民化あるいは軍務動員

石原俊『近代日本と小笠原諸島』でも述べたように、日本政府・軍の指導者たちは一九四四年、「国体護持」を含む有利な条件での講和を引き出すまでの時間稼ぎのために、まず小笠原諸島と硫黄諸島（火山列島）での地上戦を計画し、両諸島民約七七〇〇名のうち約六九〇〇名を本土に強制疎開させた。かれらは事実上の難民となったのである。日本軍当局によって潜在的「スパイ」とみなされ厳しい監視を受けていた、小笠原諸島の先住者の子孫たちも強制疎開の対象となったが、かれらは本土の疎開先でも、その身体的外見のためにしばしば「鬼畜米英」などと名指され迫害された。

他方、両諸島に住む男子青壮年層の大多数は、強制疎開の対象から除外されて軍務に徴用された。硫黄島では四五年二月から地上戦が展開され、両軍の死者数は約二万七〇〇〇人にも達した。沖縄とは規模が異なるものの、戦場に動員された硫黄島民も、一〇三名のうち九三名が亡くなっている。小笠原諸島では地上戦は回避されたが、激しい空襲で島民の被徴用者を含む多数の将兵が犠牲になった。

沖縄諸島――難民化、死への動員、そして虐殺と「集団自決」

米軍は四五年三月末以降、沖縄島とその周辺の島々に侵攻した。夏季にかけて展開した地上戦の間、約五〇万人の住民が戦闘に巻き込まれて難民化させられ、約一五万人が亡くなった。日米軍将兵、そして軍夫や「慰安婦」として徴用・連行された朝鮮人たちも、合計九万人以上が犠牲になった。

難民化した住民たちは、日本軍幹部から潜在的総「スパイ」視された。その結果、米軍に保護された人びとや、「沖縄語」を使用したとみなされた人びとなどが、日本軍将兵によって多数惨殺された。

またいくつかの地域では、住民の「集団自決」が起こった。林博史『沖縄戦』は緻密な史料読解を通して、「集団自決」が集中して起こった慶良間諸島や伊江島においては、秘密基地とされたり住民の大多数が戦闘員として動員されたりするなど、他の地域にも増して軍律が社会秩序全体を掌握していたことや、駐留将校が住民に手榴弾を配布し、米軍上陸時には「玉砕」するよう再三訓示・命令していたことを明らかにし、「集団自決」の「強制」的背景を説得的に論証している。そして林が多くの「集団自決」の決定的な要因として指摘するのは、中国戦線などで性暴力に加担していた駐留軍将兵や帰還兵（住民）が、米軍に捕まった女性は同じように強かんされたり「慰安婦」にされたりすると住民にふれまわっていたため、家父長的秩序のもとで妻や子を凌辱から守ろうとする成人男性が積極的に家族に手をかけたことである。沖縄における「集団自決」の生起には、アジア各地の戦場や「慰安所」で犯した性暴力の経験に基づいて日本軍将兵たちが敵軍に投射した自己像が、深くかかわっていたのだ——ただし、沖縄戦では米兵は日本兵より相対的に「親切」だったという住民の証言が多いものの、大城将保『沖縄戦』が指摘するように、沖縄島北部など米兵による戦時性暴力が頻発した地域もあった——。

他方、先島諸島などでは地上戦は行われなかったが、疎開や軍務動員が強制された。波照間島では全島民が石垣島の内陸部へ難民化させられ、その三分の一以上が敗戦までにマラリアなどで犠牲になった。

二重の〈捨て石〉とされた島々

敗戦後の日本は、地上戦などの結果として米軍に占領された沖縄・小笠原・硫黄諸島などを引き続き米国に貸与し、これと引き替えに米国が主導する冷戦秩序のもとで再独立を果たし、経済成長へと突き進んだ。その結果、沖縄には施政権返還後も現在まで、日本国内の米軍基地が集中することになった。また小笠原・硫黄諸島では、先住者の子孫たちを除く住民の再居住が認められず、かれらの難民状態が継続した。硫黄諸島民（の子孫）は、敗戦後六五年以上を経た現在も故郷での再居住が認められていない。

これらの島々の住民たちは、一度目は日本帝国の総力戦の〈捨て石〉として利用され、二度目は「平和国家」日本国の再独立・復興の〈捨て石〉として利用されたのである。

（石原俊）

コラム 「戦争の社会学」と「戦争と社会学」のあいだ

社会学的な視点から戦争という現象にアプローチする試みを紹介していく本書だが、逆に、戦争の方が社会学を「利用」しようとしたことはなかったただろうか。

戦時期の日本においては、権力による強制から本来自由であるべき大学や研究者の戦争協力や戦争賛美の事例が数多く知られている。社会学という学問においてもそれは例外ではなかったし、「社会」に言及する学問であるがゆえに独特の負荷がかけられること（「社会主義」）、さらにその責任は「実証主義」を標榜したところで逃れられるものではなかったこと、そして中国における農村調査などを進めながら、むしろ「実証主義」の方がより深く総力戦体制に関係することになったことなどが指摘されている（松井隆志「東京帝国大学社会学研究室の戦争加担」『ソシオロゴス』二八号・二〇〇四年）。

また、日高六郎や清水幾太郎など、海軍技術研究所の嘱託などとして、何人かの社会学者・社会心理学者が戦争遂行に関連する研究に携わっていたこともよく知られている。いうまでもなく、世論誘導や思想統制などが総力戦体制にとって重要な課題だったからであるが、図らずも（？）社会学が「役に立つ」学問であることを戦争のなかで証明したということになるだろうか。

このように、社会学の戦争関与を考えることも、戦争社会学を考えてゆく上では重要なテーマとなるはずだろう。

社会学の戦争関与は大学や大学の研究者に限ったことではない。佐藤健二の『流言蜚語――うわさを読みとく作法』（有信堂高文社・一九九五年）は、戦時期における「憲兵隊の社会学」を窺わせるユニークな探究である。戦時下の憲兵たちは町の雑踏に向かい、流言調査を行った。それは、戦時体制のなかで徹底された言論統制が人々の不平不満の表現の場を失わせてしまい、逆に世論をみえにくくしてしまったという状況を背景に、そのようななかでなお必要とされる民心の動向の把握のためであった。もちろんそれは、反戦意識の流行を取り締まるという治安維持の目的から行われたわけだが、採集し記録し分類して報告・共有することを通じ、それは図らずも民衆の「声」の世界に分け入る経験にもなってしまう。戦時期においては、特高警察も「落書き」調査を試みているし、さらに首相在任中の東條英機などはお忍びで（？）ゴミ箱調査を試みている（野上元「『落書き』資料の想像力――特高警察による戦時期日本社会の解読」『年報社会学論集』一〇号・一九九七年）。それらが「厚い」記述をもたらす社会認識を立ち上げていたかについては心許ないけれども、本来の目的である流言の出所や落書きの犯人を突き止めることが不可能に近いことを考えると、社会＝国家となる総力戦のもとでは、国家学が社会学に浸食されてしまうと考えることもできて興味深い。

（野上元）

第二章　戦時下の文化——知・メディア・大衆文化

overview

第二章では、戦時下の文化を読み解くに資する文献を扱っている。戦時期については、言論弾圧が峻烈を極め、文化的な営みが遍く圧殺されていたかのような印象をもたれがちだが、必ずしもそればかりではない。人々はしばしば、映画や博覧会に興じ、多様な思想・学問が生み出された。むろん、その「主体的」な営為が総力戦体制を下支えすることにもつながったが、他方で、状況に対する抗いや綻びも垣間見られた。本章では、主要文献の紹介を通じて、これらの様相を俯瞰する。

［動員・参加と知的文化］

総力戦体制は、物資のみならず、国民を戦争遂行に向けて動員した。しかし、それを「強制」や「抑圧」としてのみ捉えることは、避けなければならない。人々にとって、それは政治や社会に主体的に参加することでもあった。映画やラジオ、大衆雑誌は、国民の「参加」感覚を生み出すメディアであった。戦争が勃発すると、人々は戦果を伝える号外を手に熱狂し、戦意高揚映画に興奮を覚えた。歓呼の共感は、参加感覚を通じた国民的な合意や大衆世論を生み出した。戦時の文化は、「デモクラティック」な要素を帯びたものでもあったのである（「体制下の公共性」）。

戦時の社会は、同時に知的な営みを促進した。地理学（地政学）や新聞学（宣伝学）、民族社会学などは、その好例である。それらは、ファナティックな国粋主義とは距離をとりつつ、「大東亜共栄圏」を支える知を志向した。それを通じて、これらの新興学問の制度化が図られていった（福間良明『辺境に映る日本』）。また、人類学は、帝国日本の範域の拡大に合わせて調査地域を広げ、その調査結果が植民地統治・占領統治にふさわしい「われわれ」の像を紡いでいった（『帝国』の視線と自己像」）。左派的な志向を有する知識人たちも、総動員体制による社会の再編成を通じて、彼らの理想の実現をめざそうとした（有馬学『帝国の昭和』、マイルズ・フレッチャー『知識人とファシズム』）。

逆に、観念的・国粋的な日本主義は、明治憲法の精神に忠実であろうとするあまり、計画経済に根差した総動員体制や戦争の長期化に批判的であった。天皇機関説を苛烈に排撃した「天皇の神格化」の主張は、その延長で、ときに時局を批判し、そのゆえに、たびたび弾圧を受けることさえあったのである（「日本主義とは何だったのか」）。

［メディアと戦意高揚］

では、マス・メディアは戦時にいかに向き合ったのか。「政府・軍部から戦争協力を強いられ、応じなければ弾圧された」という図式でとらえる向きもあろうが、そう単純化できるものではない。むしろ、「弾圧史観」の強調が、マス・メディアの戦時への加担から目を背けることにもなりかねない（佐藤卓己『言論統制』）。新聞社は「新聞報国」を掲げ、自らを「公器」と位置づけることで、編集部の資本家からの独立を勝ち取り、商業新聞としての私益から国策新聞としての公益へ重心を移そうとした。言論の効率的な統制を意図して内務省が主導した一県一紙制の導入（一九四一年）も、小規模な地方新聞社にとっては、経営の合理化・効率化につながるものであった。放送も、「国策の宣伝」「国論の統一」という使命を盾に、オーディエンスの戦意高揚を促した（「戦意高揚とマスメディア」）。

もっとも、この種の宣伝は、日本に限るものではない。敵のイメージを「鬼畜」「悪魔」など非人間的なものと結びつけ、戦意や敵愾心を煽ることとは、連合国でも広く見られることであった（「敵のイメージ」）。アメリカではドイツの公示学を輸入する形で、プロパガンダの効果研究を積極的に進めていった。H・ラスウェルやH・キャントリルらの業績は、戦後のマス・コミュニケーション研究に接続した（「大衆宣伝」）。それらは、戦後日本でも小山栄三らによって取り入れられることとなった。ちなみに、小山栄三は戦時にはドイツ公示学を吸収しつつ、宣伝学の研究を進めていた。マスコミ研究は、戦時と戦後、ファシズム（日・独）とデモクラシー（米）を横断し得るものであったのである。

「聖戦」の普及と綻び

そうしたなか、「聖戦」の理念は日常の隅々に充溢した。天皇の肖像は「御真影」として全国の学校に配され、儀礼空間の中心に置かれることで、聖性を獲得していった（「軍神・英雄の肖像」）。戦後に連なる健康優良児の表彰イベントも、もともとは、兵士にふさわしい壮健な身体を、規範的な価値として位置づけようとするものであった（「身体への照準」）。着物や茶碗、人形、玩具など、生活用品にも戦争柄が浸透した。それは、強制的に生み出されたというよりは、人々の「生活のなかから自然に生まれ、育ってきた」ものであった（「戦時下の日常」）。

女性イメージにも変化が見られた。婦人雑誌には、「かよわい女性」像というよりはむしろ、戦闘員を生み育てる「母」像、出征兵士に代わり銃後を守る勤労・国防婦人像が目立つようになってくる。それは、女性の社会参加を訴える女性解放論者が支持する女性像でもあった（「女性イメージの変容」）。

しかしながら、そこに綻びが見られたことも見落とすべきではない。戦時期の日本では、『支那の夜』（一九四〇年）や『ハワイ・マレー沖海戦』（一九四二年）をはじめ、多くの国策映画が製作された。

しかし、人々は必ずしも「聖戦」理念のみに共鳴したわけではなく、むしろ恋愛物語のような娯楽的要素を楽しむ傾向も少なくなかった（『戦時の娯楽』）。戦時に特徴的な服装としては、「国民服」があげられるが、これは布地消費量の削減といった戦時の要請だけではなく、洋装化による生活合理化、日本的な美を求めるデザイン運動などが絡んでいた。軍の意向が十全に貫徹し得なかったことは、婦人標準服が一般化に至らなかったことにもうかがえよう（『戦争と平準化』）。

出征直前に撮影された兵士たちの写真にも、「聖戦」の綻びを読み解くことができる。晴れの日を記念したものでありながら、そこに多く見られるのは、「ぎこちない硬直したポーズ」「無表情といえる頑なで戦死を予期した、あるいは戦死を約束されたかのような容貌」である。戦後に遺影とされたそれらの写真は、天皇の「御真影」や「軍神」たちの銅像とは異質であった（『「聖戦」の綻び』）。

戦時の抵抗と敗北の受容

これらの綻びに着目することは、いかなる「抵抗」が可能なのかを考えることにもつながるだろう。声高な批判が容易ではない状況のなかで、沈黙や非便乗、非迎合といった「消極的な抵抗」が見られることもあった。それらを「無作為」「無抵抗」とみなすことはたやすい。だが、戦争遂行が「正しい」価値を帯び、異議申し立てが困難な状況のなかで、いかに粘り強く、社会的な議論の組み換えを模索していくのか。家永三郎『太平洋戦争』や同志社大学人文科学研究所編『戦時下抵抗の研究』、あるいは鶴見俊輔「戦争と日本人」（『鶴見俊輔著作集』第五巻）は、こうした問いを考えるうえでの手がかりになるのではないだろうか（『戦時下の抵抗』）。戦時・戦後の思想的転向を扱った思想の科学研究会編『共同研究 転向』（全三冊）も、「抵抗」のあり方を批判的に再考するうえでの重要文献である。

戦時から戦後への移行を考えるうえでは、敗戦（およびそれに伴う占領）がいかに受け止められてきたのかにも目配りする必要がある。敗戦は、国民を悲嘆の淵に落とし込み、生活を破壊しただけではない。同時に新たな文化や価値の創造へと人々を誘う側面もあった。為政者や軍上層部にとっての敗戦とは異質なものが、占領期の社会史には垣間見られた（「占領はいかに受容されたか」）。

とはいえ、人々が敗北を抱きしめながら戦後を生きるなかで、かつて自らが戦争遂行の「正しい」理念に共鳴したことについては、掘り下げて問い直されることは少なかった。また、米軍の直接統治下に置かれた沖縄の場合は、本土とは異なる戦後を歩まなければならなかった。「銃剣とブルドーザー」による土地収奪をも視野に入れるならば、「戦後」の見取り図もまた変わってくるのかもしれない。

（福間良明）

体制下の公共性

佐藤卓己『「キング」の時代——国民大衆雑誌の公共性』岩波書店・二〇〇二年
ヴィクトリア・デ・グラツィア（豊下楢彦・高橋進・後房雄・森川貞夫訳）
『柔らかいファシズム——イタリア・ファシズムと余暇の組織化』有斐閣選書・一九八九年

ファシスト的な、余りにファシスト的な？

『お熱いのがお好き』などで知られる映画監督ビリー・ワイルダー（一九〇六〜二〇〇二年）は何よりも観客の反応を気にかけていた。映画の黄金期を生きたワイルダーの言葉は、映画という大衆メディアの特性をよく表している。以下はカラゼク『ビリー・ワイルダー自作自伝』からの引用である。

観客ってのはひとりひとりは馬鹿でも、ほかの数千人と一緒にいると天才なんだ。いつだって彼のいうことは正しい。もし映画がそうしたひとりひとりから観客というものを形成できるなら、もし観客が二時間のあいだ、駐車違反したこととかガス代を支払ってないこととか社長と喧嘩したことことかを忘れられるんなら、映画は目的を達したことになるんじゃないかな（一九頁）

ユダヤ系の出自を持つワイルダーは、ナチスの支配から逃れるべく、一九三四年に米国＝ハリウッドへと渡った。ナチズムやファシズムとは全く無縁な監督だが、些細なギャグを随所に埋め込み、観客に高揚感（あえて言えば「ワクワク感」）を与えるワイルダーの手法こそ「ファシスト的」と言えはしまいか。

参加・共感・同意

佐藤卓己『「キング」の時代』とグラツィア『柔らかいファシズム』が注目したのも、日本及びイタリアにおける大衆の参加や共感・同意といった概念である。日本初の一〇〇万部を達成した『キング』は、創刊号の目次に「日本一面白い！　日本一為になる！　日本一の大部数！」を掲げ、女性・少年・労働者など幅広い読者を獲得した。くしくも『キング』が発売された一九二五年は、普通選挙法成立・ラジオ放送開始など、「公共圏＝公論形成の場」に大きな変化が起きた年でもあった。佐藤はこれを「一九二五年公共性革命」と位置づけている。つまり、性別・年齢・階級を超えて誰もが参入可能な国民的公共圏の誕生であり、戦争が本格化すると、国民は戦況を伝える雑誌記事に我先にと飛びついた。佐藤は言う。

> 総力戦体制は、「財産と教養」という市民的公共圏の壁を打ち破って、「言語と国籍」を入場条件とする国民的公共圏を成立させようとしていた。それは敢えて「ファシスト的公共性（圏）」と呼ぶこともできるが、イタリアのファシズム、ドイツのナチズムあるいはアメリカのニューディールであれソビエトのスターリニズムにしろ、そうした国民的合意を生み出す運動であった。戦前の日本にも、歓呼の共感によって大衆世論を生み出す「ファシスト的公共性」は存在した（三三八頁）

そもそも、ファシズムとは「団結（棒の束）」を意味するイタリア語に由来する。『キング』は同じ雑誌を購読するという共同性によって「参加感覚」を担保していた。同じようにイタリアでは、ファシズム体制が主導した全国余暇事業団によって、「同意の文化」が形成されていた。これがドーポラヴォーロ（＝「労働の後」）文化である。具体的には、演劇、ダンス、コンサート、ラジオや映画といったメディアの利用、遠足や旅行といった各種レクリエーション、祭事、教育・厚生活動などを指す。これらの、政治とは一見したところ無関係な活動（「逃避・気晴らしの政治学」）によって、ファシズム体制は、大衆から二〇年以上にわたる支持を獲得してきたというわけである。

自らがファシストになる可能性

グラツィアは、「同意は海岸の砂の建物のように不安定である」というムッソリーニの言葉も引用しつつ、「同意」の持つ脆さや限界についても言及を行っている（三七七頁）。ここで紹介した二冊は、ファシズム分析には弾圧・統制のみならず、参加や共感・同意といった「非強制的側面」への注目が必要不可欠である点を浮き彫りにした。これは、「統制＝悪」「抵抗＝善」という二元論に還元することのできない「グレーゾーン」の存在を意味する。それゆえ佐藤は、「自らがファシストになる可能性」をも念頭に置いた研究姿勢が必要なことも説いている。われわれは、次の警句にこそ耳を傾けるべきであろう。

> ファシズムもまた民主政治《デモクラシー》＝参加政治の一形態であり、大正デモクラシーにおける世論形成への大衆参加に連続していた。大衆を国民化する戦時の総動員（＝総参加）体制は、『キング』同様、敗戦＝終戦で終わったわけではない。（佐藤、ｘⅳ頁）

（赤上裕幸）

日本主義とは何だったのか

竹内洋・佐藤卓己編『日本主義的教養の時代——大学批判の古層』柏書房・二〇〇六年
井上義和『日本主義と東京大学——昭和期学生思想運動の系譜』柏書房・二〇〇八年

アクセルとブレーキ——日本主義は両刃の剣

昭和前期の日本で最も威力を発揮した思想、それが日本主義である。ただしその「威力」には二つの意味がある。ひとつは戦時体制の構築を加速させたアクセルの機能である。それが発揮された最初は、天皇機関説事件（一九三五年）だろう。これをきっかけに政府が国体明徴声明を出したり、文部省が『国体の本義』（一九三七年）を編纂したりした。「日本主義的に正しくない思想」を検知するセンサーが至る所で作動し、人々の思考と行動が統制されていく。ここまでは周知のとおりである。が、なぜこの時期に日本主義が表舞台に登場してきたのか。その理由はかならずしも自明ではない。

もうひとつの意味、すなわち日本主義が戦時体制の構築に歯止めをかけるブレーキの機能を果たしたことも、あまり知られていない。総力戦に耐えうる高度国防国家とは、国家権力を一元化することで、政治の混乱をなくし、経済を統制することで実現される。つまり政党や企業が私益のために勝手気ままに活動するよりも、一国一党の強力な指導原理のもと企業も一致協力して国家経済を回していく——戦時下では当たり前の発想にも見えるが、実はこれさえも「日本主義的に正しくない」としたらどうか。しかも先述のように、すでに日本主義には誰も真正面から反対できなくなっていたとしたら……。

竹内洋・佐藤卓己編『日本主義的教養の時代』では前者のアクセル機能を牽引した蓑田胸喜とその仲間たちについて多角的に検討しているが、彼らの日本主義が素朴な復古・反動思想とは一線を画した、一九二〇年代の「現代思想」であったことがよくわかる。そして日米開戦前には表舞台からは退場していたことも。著者のひとり、竹内洋は、世の中全体が日本主義化したために用済みになった（「狡兎死して走狗烹らる」四一頁）からではないか、と推測する。

「護憲」と「反戦」——戦時体制下の保守主義

なぜ高度国防国家が「日本主義的に正しくない」のか。まず、一国一党というのは天皇大権を犯す幕府的存在である。帝国憲法は国務大臣の輔弼と帝国議会による協賛を定めているが、それに替わる一元的な統治機構（日本史上それは「幕府」に相当する）を設けるのは明らかに憲法違反＝反国体となる。また、統制経済は偽装された共産主義思想である。私的所有権を否定する治安維持法違反＝反国体となる。こうして一九四〇年の近衛新体制運動にブレーキがかけられ、その成果である大政翼賛会が骨抜きにされたのは、政治史ではよく知られている。

しかし、これはまだ日本主義的な「言いがかり」のレベルである。国家機構を再編成しようとする革新的な政策に反対することはできても、いざ戦争が始まると誰も何も言えなくなるのではないか。井上義和『日本主義と東京大学』はブレーキ機能を果たすことになる学生思想運動に照明を当てながら、日本主義を洗練させたその先に、支那事変の長期戦化と戦時体制の常態化に対する批判原理へと転化していくことが示される。エドマンド・バークがフランス革命批判を通じて保守主義の立場を鮮明にしたように、彼らは戦時体制下の日本で保守主義的な国体理解に到達したのである（井上「戦時体制下の保守主義的思想運動」）。彼らは「日本主義的に正しい」がゆえに取り締まり当局も手を出せず、結局、東條英機首相兼陸相が「反軍思想」の廉で直属の東京憲兵隊に検挙させるしかなかった。

お気づきのように、日本主義思想における唯一の正統なる制御者（機関）というのは存在しない。政府も軍部も含めて、どこにもなかった。だから複数の国体論が競合しながら進化発展してきたし、官製国体論の編纂事業にもいろいろ苦労があった（昆野伸幸『近代日本の国体論』、長谷川亮一『「皇国史観」という問題』）。そして大正期に高等教育機関で学んだ昭和前期のエリートにとっては、西洋ものが教養の中心を占めていたから、なおさらアキレス腱となった。先の保守主義的到達が「遅すぎた」ことが悔やまれる。

ビギナーには芹沢一也・荻上チキ編『日本思想という病』がお勧め。文献案内も丁寧で親切である。

（井上義和）

「帝国」の視線と自己像

酒井直樹、ブレッド・ド・バリー、伊豫谷登士翁編『ナショナリティの脱構築』柏書房・一九九六年
坂野徹『帝国日本と人類学者——一八八四－一九五二年』勁草書房・二〇〇五年

帝国と学問

帝国主義は、植民地を経済的に収奪するだけでなく、その表象の在り方までをも拘束する。エドワード・サイードは、オリエンタリズムが、他者の表象を一定の枠組みに封じ込める文化的装置と言説の体系であることを明らかにした。帝国と植民地の非対称的な関係は、学問そのものをつらぬくため、その営為自体が再審される必要がある。

中心／周辺と自己／他者の交錯

『ナショナリティの脱構築』は『総力戦体制と現代化』と並び、一九九二年から一九九四年にかけて社会的背景や知的背景をさまざまにする研究者たちの共同研究の成果として編まれた。そこでは、冷戦体制の崩壊とグローバリゼーションを背景に、国民国家という単位そのものが問い直されている。

それゆえ、本書の一方には、サイードのオリエンタリズムやデリダの書記の議論を援用した文化的分析があり、他方には、ウォーラステインの世界システム論などを援用した政治経済的分析がある。この両極の理論的観点から、ナショナリティの言説がもたらす自己／他者の関係と、資本主義がもたらす中心／周辺の関係とが交錯する地点が、戦前から戦後に連続する近代日本の歴史の中で探究される。戦後日本では、単一民族の神話が語られ、過去の帝国の暴力が隠蔽、忘却されてきた。

このメカニズムは、帝国だけではなく、国民国家と相関する。酒井直樹によれば、ナショナリティ＝国体とは、「近代の国民共同体における、空想や構想力の機制を通じた共同体の表象の機制と、この機制を通じて得られる『われわれ』という感傷的な実感のこと」（一一～一二頁）である。ナショナリティの同一性は、国民文化や国語といった一連の装置によって再生産される。国民文化とは、文化を有機的な統一体としてみる見方であり、われわれとかれらという二つの共同体をあらかじめ想定する。この機制によって、他者との根源的な差異が締め出され、馴致される。

帝国と人類学

坂野徹の『帝国日本と人類学者』では、近代日本における人類学（文化人類学、自然人類学、民俗学）の歴史的展開が、一八八四年の人類学設立から、一九五二年のＧＨＱによる日本占領の終了まで、科学史的に記述される。この歴史は、帝国日本の展開と解体に重なる。

近代日本において、人類学の調査研究は、帝国統治に利用されてきた。同時に、人類学は、民族の起源や伝統文化を研究することによって、日本人という集団的同一性を構築し、国民統合に関与する。人類学の歴史とは、他者の表象の物語であると同時に、自己の同一性の物語である。

だが、西洋に由来する人類学が近代日本で受容され、展開されるとき、独特に屈折することになる。近代日本における人類学の歴史とは、「人類学という知のなかで、被観察者の側にあった日本（人）が自ら観察者の側へと移行していくプロセス」（四九九頁）にほかならない。欧米人研究者によって観察される対象であった日本人が観察を開始するとき、自己もまた観察の対象であった。だが、内なる他者は、次第に外部化され、観察対象として実体化される。同時に、自己もまた観察対象であることは忘却され、日本人という民族が実体視されていく。この過程は、日本が国民国家化し、帝国として植民地を拡大する過程と並行する。アイヌ、台湾、朝鮮、ミクロネシアが調査される他者となり、それぞれの調査研究が植民地統治を正当化するための言説資源として活用される。そして、アジア・太平洋戦争において、人類学は、大東亜共栄圏の構想に合流し、自らの有用性を主張することで大きな発展を遂げることになる。戦後の人類学は、この協力の記憶を忘却しつつ、学問として展開していった。

帝国と国民のズレ、資本と国家の対立

一九九〇年代以降、国民国家の問い直しのなかで、帝国主義の原理（中心／周辺）と国民国家の原理（自己／他者）が共犯関係を取り結ぶ地点が批判的に解明されてきた。だが、坂野の言うように、帝国による包摂が国民の自己同一性を危険にさらす瞬間がある。帝国と国民の原理は、時にすれ違い、対立する。さらに現在、資本の力が国家を超え、侵食する状況が出現しつつある。ならば、帝国と国民、資本と国家といった原理が対立し、分裂する地点において、「ナショナリティ」はどのような認識や存在として可能なのか。「ナショナリティの脱構築」の問いは、いまなお、継続している。

（新倉貴仁）

戦意高揚とマスメディア

竹山昭子『史料が語る太平洋戦争下の放送』世界思想社・二〇〇五年
今西光男『新聞資本と経営の昭和史――朝日新聞筆政・緒方竹虎の苦悩』朝日選書・二〇〇七年
津金澤聰廣・有山輝雄編『戦時期日本のメディア・イベント』世界思想社・一九九八年

国民の説得と慰安

ドイツの青年団、ヒトラーユーゲントが日本へやってきたとき、その凛々しさに憧れた少年少女はナチスに好意を抱いたかもしれない。各地で繰り広げられたパレードや歓迎会は、新聞によって大々的に報道され、かつての敵国ドイツのイメージを刷新した。こうしたイベントは必ずしも政府の立案によるものではなく、民間からの協力があってはじめて成りたつことを、津金澤聰廣、有山輝雄編『戦時期日本のメディア・イベント』は教えてくれる。健康優良児の表彰から、オリンピック、航空機による飛行大会や世界一周、紀元二千六百年を祝うイベントまで、政治経済のみならず、社会や文化、メディアといった視点から共同研究を行い成果をまとめたものである。

今日でもそうだが、イベントはしばしば新聞社の後援を受けた。健康優良児を表彰しようと考えたのは朝日新聞社である。米人飛行家マースを呼んで飛行大会を催したり、紀元二千六百年奉祝会に協賛したりした。新聞社にはさまざまな側面があり、紙面のみを追った歴史では不十分だと今西光男『新聞資本と経営の昭和史』は言う。経営という視点から見れば、新聞も商売である。広告主や読者の意向にそわねばならない。しかし、「新聞報国」をうたい国家に忠誠をつくすには、商業新聞としての私益から、国策新聞としての公益へと重心を移す必要があった。その板挟みにあって、編集の自由をジャーナリストの手に残そうと苦悩するのが、緒方竹虎である。今西は朝日新聞の主筆である緒方を中心に、経営という切り口から戦時下の新聞社を描いてみせる。

一方、新聞とは異なりラジオに迷いはない。文化機関ではなく政治機関であると公言してはばからず、国策として大衆の指導啓発に力を入れてきた。竹山昭子『史料が語る太平洋戦争下の放送』は、情報局発行の『大東亜戦争放送しるべ』、日本放送協会（ＮＨＫ）発行の『放送』『放送研究』『放送人』など貴重な史料を駆使し、戦意高揚にむけた放送の意欲、努力を今に伝える著作である。その役割は戦局の推移と関係している。勝利にわいた緒戦、ラジオは海外向けプロパガンダに力を入れ、国民の決意や団結を訴えた。ミッドウェー海戦に敗れ、連合国の反撃が始まると、長期戦に備え生活の指導を行うようになり、制空権が失われ玉砕が始まると食糧や武器の生産を呼びかける。艦隊が壊滅し空襲にさらされるなか、ラジオは堅苦しい指導や教訓を避け、国民の気持ちを明るく引き立てるよう方針を切り替えた。厭戦の雰囲気を懸念したのである。

マスメディアの利益

このように戦争を継続するための同意を取りつけるには、イベントを開催し、新聞社を抱き込み、放送によって説得、または慰安する必要があった。その受け手である国民がどれほど戦意を高揚させたのか、今となって客観的に確かめることは難しい。ところが、送り手の戦意高揚は、これらの著作から生き生きとよみがえってくる。

難波功士「報道技術研究会と太平洋報道展」は『戦時期日本のメディア・イベント』の一章で、戦時における広告制作者の活躍を論じている。展覧会を中心に国策プロパガンダに従事するなか、当初、ボランティアの集まりにすぎなかった研究会は採算の取れるプロダクションへと発展した。図案家と軽んじられ、一企業の社員にすぎなかったデザイナーは独立への足がかりを得て、社会的な地位を向上させた。また、新聞社において自らを「公器」と強調し、国家統制を受けいれることは、編集幹部にとって資本家からの独立を勝ち取る布石でもあった。『新聞資本と経営の昭和史』は、緒方竹虎の統制案にその期待を読み取っている。ラジオではアナウンサーの試行錯誤が許されるようになり、『史料が語る太平洋戦争下の放送』は、「淡々調」から「雄叫び調」への変化が命じられたものではなく自然の発露、むしろ主体的な表現であったことを明らかにした。国策の宣伝、国論の統一という使命を盾にとれば、単に原稿を読むだけでなく、自分の考えをふまえて読めるというアナウンサーの職能の拡大、発展である。

政府や軍部から協力を押しつけられ、やむを得ず仕事をこなしていたという図式の一方で、場合によっては活躍の場が広がり、立場を向上、強化するという利益を享受できた。そうであれば、国民の戦意高揚に従事した新聞記者、放送局員、広告制作者など、送り手もまた別の意味で戦意を高揚させていたのかもしれない。

（河崎吉紀）

大衆宣伝

大田昌秀『沖縄戦下の米日心理作戦』岩波書店・二〇〇四年
山本武利『ブラック・プロパガンダ――謀略のラジオ』岩波書店・二〇〇二年

心理戦争のためのプロパガンダ（大衆宣伝）

心理戦争とは、心理学的手法を使っての戦争の遂行である。狭義には対敵宣伝及び戦争を補完するような軍事作戦の一つであり、非暴力的手段による組織的な説得である（ラインバーガー『心理戦争』二四頁）。心理戦争では、「シンボルを大規模に駆使し、個人や集団に影響を与えるシステマティックなコミュニケーション活動」（山本武利『ブラック・プロパガンダ』、一七頁）であるプロパガンダ（大衆宣伝）が、戦争遂行の手段として用いられる。プロパガンダは、いわば近現代の戦争において必須の構成要素となっている。戦争遂行者は、ラジオや新聞、ビラなどさまざまなメディアを用いて、プロパガンダを実施する。敵の士気をくじき、自国民を戦争に動員するための世論を高揚させ、他国民には自国の立場を有利に伝えることを目的とする。

戦時期、日米間では激しいプロパガンダの応酬が繰り広げられ、熾烈な心理戦争が展開された。発信者が公然と名乗るホワイト・プロパガンダの他に正体を隠したブラック・プロパガンダも登場した。大田昌秀は、日米双方の大量ビラによるホワイト・プロパガンダの心理戦争の様相を描き出し、山本武利は、アメリカがサイパンや中国戦線で実施したラジオによるブラック・プロパガンダの実態を明らかにした。

戦争の学知としてのプロパガンダ

アメリカは、ドイツが効果的にプロパガンダを活用し、第一次大戦での戦局を有利に進めたことに強い衝撃を受けた。アメリカ政府は、ただちに政治学、経済学、心理学、コミュニケーション研究などの多様な分野から優秀な頭脳を集め、プロパガンダ研究を急ピッチで援助した。その中心的な役割を担ったのは、戦後にコミュニケーション研究者として著名となったラスウェル、キャントリル、ラーナー、シュラムであり、彼らは戦争観察を通じて学者としての基盤を作った（山本、一八八頁）。このことは、プロパガンダが、戦争の学知そのものであり、現在のマス・コミュニケーション研究は、こうした学知の上に成立していることを示している。

継続する「戦争」

第二次大戦は、枢軸側の降伏で終結したと言えるだろうか。心理戦争の角度から見た場合、それはノーと言わざるをえない。戦後、新たな戦争として冷戦が勃発した。物理的な力による衝突を伴わない冷戦において、心理戦争は東西両陣営間における戦闘行為の中軸と位置づけられた。冷戦は、心理戦争の必須の構成要素となっていたプロパガンダ研究の、さらなる推進を要請した。冷戦期、アメリカはＣＩＡや軍などによる伝統的な手法によるプロパガンダ活動を展開しただけではなかった。国務省や米広報文化交流庁（ＵＳＩＡ）などは、留学や国際交流といった新たな手法を活用し、敵国民や同盟国民の心を掴み、自陣営に引きよせようとした。冷戦期を通じて、プロパガンダの技術や内容は、さらに洗練され、発展するとともに、プロパガンダの概念そのものが拡張した。

心理戦争は現在も続いている。アメリカは、イラクやアフガニスタンでの戦争でプロパガンダを積極的に駆使し、心理戦争を展開した。だが、プロパガンダは、学問的な課題として認知されているとは言い切れない。心理戦争の論理や構造のみならず、歴史的実態も十分に明らかにされておらず、蓄積は極めて不十分なものに留まっている。山本が指摘するように、プロパガンダ、そして心理戦争の考察は、今後とも取り組まれなければならない重要な課題である。その際、心理戦争に動員される人びとは、決して従順なる群衆ではないことである。彼ら・彼女らは、大規模に展開されるプロパガンダを捉え返し、「戦時」下の社会において、自らの生の営みを確保しようとする主体性を立ち上げようとしていた。このことを見落としてはならない。

「沖縄戦における日米双方の心理戦から学ぶ所以は、もはや国際間の対敵心理作戦の技法や内容についての巧拙いかんの問題ではなく、心理作戦の対象を人類共通の敵ともいうべき戦争そのものに向けるべき時期にきている」（大田『沖縄戦下の米日心理作戦』、二三八頁）。心理戦争、そしてプロパガンダについて考えることは、何よりも現在も続く「戦争」を終結させるために必要な手がかりを探し求める知的営みにほかならない。

（小林聡明）

戦時の娯楽

古川隆久『戦時下の日本映画――人々は国策映画を観たか』吉川弘文館・二〇〇三年
ピーター・B・ハーイ『帝国の銀幕――十五年戦争と日本映画』名古屋大学出版会・一九九五年

ハーモニカを吹く少年

作詞家の西條八十は、関東大震災の際、大衆娯楽の重要性を思い知らされる出来事に遭遇した。場所は夜の上野公園。まだ火の手がおさまらない陰惨極まる状態の中、突如、一人の少年がハーモニカを吹きはじめた。西條は止めさせようとしたが、居合わせた群集が見せたのは意外な反応であった。

ハーモニカのメロディーが晩夏の夜の風にはこばれて美しく流れ出すと、群集はわたしの危惧したように怒らなかった。おとなしく、ジッとそれに耳を澄ませている如くであった。少年は誇をもって吹きつづけた。曲がほがらかなヴェースをいれて進むにつれ、いままで化石したようになっていた群集の間に、私語《ささやき》の声が起った。緊張が和んだように、或る者は欠伸をし、手足をのばし、或る者は立ち上って身体の塵を払ったり、歩き廻ったりした。一口にいえば、それは冷厳索漠たる荒冬

の天地に一脈の駘蕩たる春風が吹き入ったかのようであった（西條八十「唄の白叙伝」『西條八十全集　第十七巻』、二六頁）

非常時にもかかわらず、否、非常時だからこそ、人々は心の安楽（娯楽）を求めた。これは、戦時下でも同様であった。

通説の打破――人々は娯楽を求めた

古川隆久『戦時下の日本映画』が強調したのは、戦時期にあっても、映画観客があくまで娯楽を求めたという点である。ところが、日本映画史には長らくある「通説」が存在してきた。それは、『ハワイ・マレー沖海戦』（東宝、一九四二年）や『決戦の大空へ』（東宝、一九四三年）といった戦意高揚映画や国策映画ばかりが製作され、人々は「戦争遂行に協力するよう洗脳された」という説である。佐藤卓己『「キング」の時代』が批判している通り、既存の雑誌研究においても「政府の操作統制（能動性）と受け手の感化同調（受動性）を前提」とした見解は珍しくはなかった。なぜなら、政府を戦争遂行の首謀者と位置づけることで、それ以外の多勢が「免罪符」を獲得することができるからである。「われわれは、だまされました」と。

古川は、具体的な映画作品を取り上げることで、こうした「通説」の再検証を行っていく。実際、『歴史』（日活、一九四〇年）のように、興行に失敗した国策映画も少なくなかった。国策映画とも言われた『支那の夜』（東宝、一九四〇年）が大ヒットした理由を探ってみれば、当時高い人気を誇った長谷川・夫と李香蘭主演の恋愛映画であった点が大きかった。一九四一年には、李香蘭を一目見ようと数万人のファンが殺到した「日劇七回り半事件」も起こっている。

戦時期は、国策映画ばかりが製作・上映されたというのも疑問点が多い。例えば、映画政策に力を入れたナチス＝ドイツにおいても、「ナチ時代に製作された総数千百本にも及ぶ劇映画のほとんどは、公平な目で見て、『無害な娯楽映画』というレッテルを貼れるようなタイプのものであった」という（瀬川裕司『ナチ娯楽映画の世界』）。ナチスの例は極端だとしても、『愛染かつら』（松竹、一九三九年）やエノケン主演の『孫悟空』（東宝、一九四〇年）に代表される通り、日本で製作された映画もその多くが大衆の好む娯楽的要素を保持していた。

プッシュボタン式文化論

一方、ハーイ『帝国の銀幕』は、映画政策に関わった官僚と、その「統制を呑み込み内在化させ」た映画製作者たちの関係性に注目した（三〇二頁）。ハーイは、官僚の間に存在した「国家が必要とする時に、統制官僚が上から命令を下したら（「ボタンを一つ押す」）、大衆文化（特に映画制作者）はそれに応じて、急転換する」という発想を「プッシュボタン式文化論」と命名している（「菊池寛と革新官僚と雑誌『日本映画』」、三〇一頁）。こうした独断的な発想から容易に察しがつくが、当時の官僚ら学歴エリートは、あくまで息抜きという社会的機能を持つ映画のメディア特性を十分に捉えることができなかった。古川も「為政者が観せたいものと人々が観たいものとの間の溝」が大きかったこと、さらには、映画興行の主導権を政府や業界ではなく観客が握っていたことを指摘している（一二五・一三〇頁）。

「娯楽の王者」であった映画の分析を通して見えてくる娯楽の「可能性」と娯楽政策の「困難性」は、現在のメディア文化政策を考える際にも大きな示唆を与えてくれるといえよう。

（赤上裕幸）

軍神・英雄の肖像

山室建徳『軍神——近代日本が生んだ「英雄」たちの軌跡』中公新書・二〇〇七年
多木浩二『天皇の肖像』岩波新書・一九八八年〔岩波現代文庫〕二〇〇二年

御真影の権力工学

かつて、全国の学校に奉安殿という施設が備えられていたことを知る者は、もはや少ない。その施設の中には御真影と教育勅語とが納められていた。御真影とは、言うまでもなく天皇の肖像／写真のことである。

この御真影というメディア＝装置に着目し、近代天皇制の形成・浸透過程を新しい角度から描き出したのが多木浩二『天皇の肖像』である。とはいえ本書はメディアと天皇制の癒着を指摘して見せるだけではない。天皇の身体をめぐる視線の権力工学を浮き彫りにするのである。

先に御真影を「天皇の肖像／写真」と表現しておいた。なぜならば、御真影に使用された「明治二十一年の肖像」は、明治天皇の（直接の）写真ではないからである。それは、イタリア人画家キヨッソーネによる写真そっくりに描かれた肖像画（＝絵）なのである。御真影はこの肖像画を複写したものである。

多木は、写真ではなく肖像画こそが御真影として使用されねばならなかったことの重要な意味を指摘する。すなわち、写真は〝そのとき〟のモデルの身体を生々しく記録してしまう。だが、肖像画は、モデルを「目に見える生きた身体」として精緻に描きつつも、時間性に縛られることなく理想化して描写する。この肖像画によって、明治天皇を「生きていながら超歴史的な〝身体〟」として図像化することに成功したのである。

そしてこの御真影は、儀礼空間――例えば祝祭日の儀礼や学校行事――の中心に置かれることで、更なる聖性を帯び、広く社会に浸透していく。

不遇な神々たち

こうして天皇という「現人神」を生み出した近代日本は、また別様の神格化された人間をも産み落としていた。それは戦争下で立派な最期を遂げた軍人、すなわち「軍神」である。日露戦争における廣瀬武夫や、上海事変における爆弾三勇士などが、現在でも辛うじて知られている軍神であろう。

山室建徳『軍神』は、これら軍神たちの軌跡を丹念に追尾していく。

山室は日露戦期における軍神――これが「軍神」の誕生である――が、戦意昂揚と結びつく存在ではなかったことを明らかにする。

「軍神は誰かが意図的に誕生させたというよりも、戦争によって強まっていた日本人の一体感の中から、期せずして生み出された」存在であり（八三頁）、「愛すべき人柄を持つ模範的な指揮官が、決死の作戦に赴き、部下に情愛をかけ、皇室に尊崇の念を持ちながら戦死したという物語に、当時の日本人は深く感動して、軍神が生み出されたのである」(八二頁)。

　そして、そうであるが故に軍神は、時代に翻弄される脆弱な存在であらざるをえない。事実、日露戦争の軍神たちは、早くも大正の戦間期には人々にすっかり忘れ去られる、という不遇を経験するのである。昭和期の軍神たちにもこの脆弱さは憑いてまわる。爆弾三勇士には、様々な毀誉褒貶——「彼らの死は技術的失敗によるものだ」「彼らの中に被差別部落民がいる」——が付き纏い、栄光とは程遠い「神」であったことは、上野英信『天皇陛下萬歳』で記述される通りである。

　ところで、この軍神たちは、例外なく銅像の姿になったことは注目しておいてよい。すなわち、肉体を失った彼らは、銅像という超歴史的な身体を纏い、公に視覚化されて君臨するのである。ここに、先述の御真影と相似の権力工学を見出すことは不可能ではないだろう。

　——しかしながら、所詮は「期せずして」生み出された軍神たちには、やはり不遇な結末が運命づけられている。敗戦に際し、ある者は破壊・撤去され、ある者は鋳溶かされてしまう(平瀬礼太『銅像受難の近代』)。

「軍神たちの記憶」の奉安殿

　私たちはもはや、軍神たちについての記憶を持たない。だが、現在もこの神々が息づく空間が存在する。靖国神社・遊就館がそれである。境内には爆弾三勇士のレリーフが、そして館内には数多の無名の軍神たちの「肖像写真」が納められているこの空間は、いわば「軍神たちの記憶の奉安殿」である。

(塚田修　)

敵のイメージ

ジョン・W・ダワー（猿谷要監修・斎藤元一訳）『容赦なき戦争――太平洋戦争における人種差別』平凡社ライブラリー・二〇〇一年

サム・キーン（佐藤卓己・佐藤八寿子訳）『敵の顔――憎悪と戦争の心理学』柏書房・一九九四年

容赦なき戦争

第二次世界大戦では、約五五〇〇万人が死亡したと言われている。今日、従軍した兵士たちの直接の戦闘体験は、復員後のトラウマとなることがあると知られている。たとえ非常時や戦時とはいえ、殺し殺される関係が生み出すプレッシャーは、人に相当の心理的負担を与える。にもかかわらず、太平洋戦争では「容赦のない」殺戮が実行された。ダワーの著書の原題は *War without Mercy : Race and Power in The Pacific War* である。

大量の死傷者を生んだその全容はいまだに不明だ。第二次大戦における大量死の一因として、例えばヒロシマ・ナガサキの原爆のような科学知識の戦争への利用や、焼夷弾による空爆のような近代兵器の洗練を挙げることもできるだろう。それでも、人を殺す手段となれば、その使用には心理的な抵抗もあるはずだ。

しかし、人を殺すことに抵抗を覚えても、たたきつぶす相手が人ではないとすればどうだろう。「害獣」や「害虫」、はたまた「悪魔」の駆除・排除に反対する人は少ない。ダワーが明らかにするのは、「敵を倒せ」という「プロパガンダ（戦時宣伝）」に表れた、「敵」の人間性を否定する表象と、人種的ステレオタイプとの強い結びつきである。「極度に単純化された『暗号化されたイメージ』が、憎しみを増大し、大規模な人道に反する犯罪の一因となった」（七頁）。

『容赦なき戦争』の太平洋戦争時におけるシンボル政治への視点は、今日のメディア環境における他者理解の問題と重ねることができる。創出された戦時の自己イメージや映像は、国内では戦意発揚のように肯定的セルフ・イメージであったのに対し、国外では打ち倒すべき敵の姿として嘲笑と非難の的となった。日米は同じ映像を共有しながら、まったく異なるメッセージを抱き、敵／味方の区分を明確化していった。

メディアを利用したイメージ中心のコミュニケーションは、人種的・文化的ステレオタイプを強めることも多い。西洋による東洋への視線が、実体を伴わない「オリエント」なる表象を作り出してきたことをE・サイードは指摘した。報道やPRであっても、それが現在の国際関係において、自己と他者を区分するイメージを作り出す機能を果たしていることは明らかである。

いまも影を落とす人種偏見

敵を非人間化するイメージのレパートリーは、万国共通であるとサム・キーンは指摘する。武器の前にイメージがある。われわれは、敵のイメージを捏造し、過剰の悪を創作することで、敵意を正当化する政治宣伝を生み出してきた。

すべてのプロパガンダにおいて、敵の顔はわれわれの憎しみに焦点を与えるべく設定されている。彼は他者であり、アウトサイダーであり、エイリアンであり、人間ではないのだ。（サム・キーン『敵の顔』、一九頁）

ジョン・ダワーは一九三八年生まれのアメリカの日本研究者である。その後の著書『敗北を抱きしめて』（*Embracing Defeat*）では、敗戦後の日本のアメリカ占領政策の受容過程を描き、ピューリッツァー賞を獲得、日本でもベストセラーとなった。『容赦なき戦争』と同様に、ポスターやマンガ、挿絵といったポピュラーカルチャーを資料として日本側の「世論」を分析する手法が取られている。しかし戦後の日米関係の転換にともない人種偏見は克服されたといえるだろうか。ダワーの関心はその断絶ではなく、連続性にある。人種イメージは、戦後の日米の経済摩擦にも影を落としたと指摘されている（翻訳五一〇頁からの「経済戦争のレトリック」参照）。独立後、大きな経済成長を遂げた日本人は、その成功を「単一民族」ならではのユニークさに求めて自賛しかつての敗北感をぬぐおうとしたが、そんな日本人をアメリカ人は「エコノミック・アニマル」と揶揄した。

また『容赦なき戦争』は、国際関係における人種的偏見をめぐる問題を提起した研究として、例えば「9・11」をめぐるイスラム・イメージや、今日の日本と中国、韓国との国際関係における齟齬等を考えるうえで重要な示唆を与えてくれるだろう。

（石田あゆう）

身体への照準

坂上康博『権力装置としてのスポーツ——帝国日本の国家戦略』講談社選書メチエ・一九九八年
坂上康博・高岡裕之編『幻の東京オリンピックとその時代——戦時期のスポーツ・都市・身体』青弓社・二〇〇九年
高井昌吏・古賀篤『健康優良児とその時代——健康というメディア・イベント』青弓社・二〇〇八年

思想統制とスポーツ

一九二八年以降、スポーツ活動は思想統制を行うための有効な手段とみなされるようになっていた。文部省はスポーツを奨励することによって学生たちの社会的関心を鈍化させようとしていたし、嘉納治五郎（大日本体育協会初代会長）や本郷房太郎（大日本武徳会会長）らも、柔道や剣道を通して「武道の精神」「忠君愛国」を叩き込もうとした。それぞれがスポーツ、武道と方法こそ違うものの、結果的には学生が左翼思想へ傾倒する動きを妨げていたのである。

だが、「思想善導」の政策が官民一体となって進んでいくなかで、それに反するようなスポーツ観もみられた。坂上康博『権力装置としてのスポーツ』が明らかにしているように、末弘厳太郎（大日本水上競技連盟会長・東大教授）や、針重敬喜（日本庭球協会会長・大日本体育協会理事）は、スポーツを「手段化」し、思想統制の道具とすることへ強い抵抗感を抱いていた。したがって、少なくとも総力戦以前は、スポーツが「思想善導」という大義名分のなかで国家に包摂されつつも、それは「スポーツの手段化」を拒否するリベラリズムとの緊張関係にあったのである。しかしながら、一九四二年以降、総力戦のなかで各種スポーツ組織は国家の支配下に組み込まれていった。

国家総動員と集団体操

思想統制とも関連することであるが、国民の身体を「規律訓練化」することに大きな役割を果たしたのは集団体操だった。佐々木浩雄「量産される集団体操」（『幻の東京オリンピックとその時代』）によると、体操界では一九三〇年代に激動とも言えるような変化が生じていたという。満州事変以降、新しい体操が乱立し、全国各地で集団体操のイベントが開催されていった。既存のラジオ体操も含め、「建国体操」「興亜基本体操」などが奨励され、その動きは一九三七年の日中戦争勃発からさらに加速した。これらの集団体操は国粋主義や民族意識の高揚と密接な関係があり、まさしく「身体の国民化」と呼べるものだった。

さらに、多々ある集団体操のなかにも、よりいっそう「日本的」なるものを求める動きがあったことを忘れてはならない。例えば、「建国体操」は西洋的なものをイメージしたラジオ体操よりも、信念に燃え、魂を打ち込む体操という理念のもとに、一九三七年から実演された。実際に建国体操が行われる前後には「建国体操前奏歌」と「建国体操賛歌」（いずれも作詞・北原白秋）が歌われ、漫然と集まって漫然と解散するラジオ体操に対して批判的な姿勢をとっていたのである。

メディア・イベントと子どもの健康

一方で、国民の身体・健康・スポーツに大きな影響を与えていたものとして、メディア・イベントが挙げられる。当時のメディア・イベントは、ラジオ体操（一九二八年～）、東京日日新聞社主催の『健康増進運動』（一九二九年）など多種多様であるが、その代表として、朝日新聞社主催・文部省後援の「全日本健康優良児童表彰事業」（一九三〇年～）があった。このイベントには、国家とマスメディアの密な関係、あるいはそれに包摂される「子どもの身体・健康」というものが指摘できるだろう。さらに高井昌吏『健康優良児とその時代』が述べるように、この事業の特徴は、その明確な目的意識にある。それまでのメディア・イベントでも健康は重視されていたのだが、それは漠然と「目指す」対象だった。一方、この事業では全国の尋常小学校六年（初年度は五年）の男女が対象とされ、各地域での厳しい予選を経て、東京で全国大会が行われた。すなわち、健康を目指すだけではなく、「競う」という方針を明確に打ち出し、少国民が理想とすべき身体を目に見える形で具現化していったのである。

身体とナショナルな欲望

明治期以降、欧米に対する羨望／嫉妬は、国民の身体観において顕著に現れていた。例えば、国民の体位や運動能力についての劣等感であり、その克服は国家的な重要課題とされていた。だが、昭和初期から戦時期にかけて、身体とナショナリズムの問題は多方面に広がりをみせた。それは、あるときは「思想統制の手段」であり、またあるときは「規律訓練の対象」、あるいは「健康な少国民の身体を具現化するもの」だった。このように、身体とはナショナルな欲望の発露として、さまざまな機能を果たし得るものだったのである。

（高井昌吏）

戦争と平準化

井上雅人『洋服と日本人――国民服というモード』廣済堂出版・二〇〇一年
祐成保志『〈住宅〉の歴史社会学――日常生活をめぐる啓蒙・動員・産業化』新曜社・二〇〇八年

「生活」の時代

戦争は、それまで社会のなかで分散していた動きを互いに結びつけ、加速させる。人々は、こうした戦争の働きに翻弄されながらも、それを利用しようとする。日常生活を構成するモノや技術に着目すると、このことがよく理解できる。

祐成保志『〈住宅〉の歴史社会学』は、日本における近代住宅とそれを支えるシステムの源流として、一九一〇～三〇年代の生活改善運動、住宅政策、住宅産業の展開を追っている。軍需産業への労働力の集中によって都市部に発生した猛烈な住宅不足の解決を目的として、一九四一年に設立された「住宅営団」は、それらの合流点に位置づけられる。建設されるべき住宅について、大阪毎日新聞と東京日日新聞は「国民住居」の設計案を公募した。大政翼賛会文化部編『新生活と住まひ方』は、これを機に、二〇名以上の建築学者、工芸学者、社会政策学者、家政学者、技術者などが参加して開かれた座談会の記録である。冒頭、大政翼賛会文化部長の職にあった劇作家・岸田國士は、「今日ほど『生活』という問題が世間一般の注意をひいている時代はない」（一頁）と述べた。

ただし、「生活」はこのとき初めて注目されたのではない。設計案の公募、知識人による協議、メディアを通じた啓蒙といったスタイルは、大正期の生活改善運動のそれを踏襲している。営団が供給した九万戸以上の住宅のうち約三分の二は分譲住宅であり、労働者の資産形成による治安の確保を目指す住宅政策の枠組みに沿っていた。また、営団設立にさいし、厚生省は日本初の公共住宅基準を策定し、住宅産業において要請されつつあった設計の標準化に一つの解答を与えた。住宅営団と日本住宅公団（一九五五年設立）の実質的な連続性にみられるように、それらは戦後まで受け継がれる。

統制と自由

ところで、国民住居をめぐる議論は、一九四〇年に制定された「国民服」に触発されたものである。国民住居が一時的なメディア・イベントに終わったのに対して、国民服には勅令という法的根拠がともなっていた。井上雅人『洋服と日本人』によれば、成人男性向けに制定された国民服には、軍服の民間貯蔵や布地消費量の削減という戦時期特有の目的の他に、洋装化による生活の合理化を進める生活改善運動、日本的な美を求めるデザイン運動という要素が混在している。必ずしも、軍の意向がそのまま実現したわけではない。さらに、さまざまな優遇措置にもかかわらず、国民服の普及は順調ではなかった。「婦人標準服」（一九四二年制定）に至っては、全くといっていいほど一般化しなかったという。

土地に固定され、長期にわたり使用される住宅に比べて、衣服の統制は容易であるように見える。しかし、衣服の生産と消費もまた社会に根付いた慣習であり、それほど簡単に改変できるものではない。

むしろ衣服は、そうした慣習にうまく合致するときにこそ、爆発的に普及する。同書はその例を日本式のズボンというべき「もんぺ」に見出している。

東北地方で農作業着として用いられていたもんぺは、すでに生活改善運動で注目され、標準服にも「活動衣」として取り入れられている。しかし、そうした動向とはほとんど無関係に、もんぺは空襲下の都市で大流行する。それを支えたのは、自らの衣服を自分で作る技術、すなわち自家裁縫の広がりである。同時に、もんぺを着用する人々は、女性にも男性と同様の活動性を求める産業社会の身体観に適応しようとしていた。人々は一元化された行動を取っているように見えるが、それは命令や強制の結果というよりも、人々が選択の余地をもち、判断する力を備えるようになったがゆえに生じた現象である。同様の構図は住宅についても指摘できる。

戦争の作用は、衣服と住宅についての知のあり方にも及んだ。標準服の制定作業は、和裁と洋裁の教育者の歩み寄りをうながすとともに、繊維学や色彩学といった分野の研究者と家政学の距離を縮め、「被服学」の基盤を提供した。大量の住宅を計画的に供給する経験は、工学と社会科学を接合する「住居学」の登場を準備した。戦争を通じて、日常生活と、それに関わる知は、ともに希少な資源として再発見されたのである。日本において、衣服と住宅が、橋本毅彦『〈標準〉の哲学』が論じたような工業製品の仲間入りをするのは戦後かなり時間が経ってからのことであるが、そのための前提条件は戦時期に形成されていたと言えるだろう。

（祐成保志）

戦時下の日常

喜多村理子『徴兵・戦争と民衆』吉川弘文館・一九九九年
乾淑子編『戦争のある暮らし』水声社・二〇〇八年

戦争の〈ある〉暮らし

戦争の時代を生きた人びとにとって、戦争は、暮らしの中に〈ある〉ものであった。それは、暮らしの隅々にまで浸透していき、それまであった人びとの日常の暮らしそのものを規定していった。また、人びとは、そうして暮らしの隅々にまで浸透していった戦争を、それまでの暮らしから分断された非日常ではなく、それまでの暮らしと連続する日常の中で受け入れていった。

生活の中の戦争

人びとの暮らしに戦争が浸透していくにつれて、人びとの暮らしのあらゆるもののなかで、戦争のイメージが表象されていった。そうしたことについて、乾淑子らは、『戦争のある暮らし』の中で、特に、「生活用品やマイナーなメディア」（着物・茶碗・人形・玩具・紙芝居・絵画・映画など）で表象される戦争イメージについて取り上げている。

当時、新聞・雑誌・ラジオなどのマスメディアで表象された戦争イメージは、戦意高揚という国策の中で意図的に作り出されたものであったが、それに対して、「生活用品やマイナーなメディア」で表象された戦争イメージは、人びとの「生活の中から自然に生まれ、育ってきたもの」であった。

その中でも、特に目を引くのは、子どものために作られた生活用品のなかでも戦争イメージが表象されていたことである。同書の中で戦争柄が描かれた「子ども茶碗」を分析した浅川範之は、次のように述べる――「軍国調の『子ども茶碗』は、『子ども』に対する私たちの善意や心情さえもが、時代の枠組みのなかで方向付けられ、私たちの意識とは無関係に、権力を支える機能を持ちうることを示している。」(「軍国調の『子ども茶碗』1890's-1940's」、四六頁)。

人びとの暮らしの隅々にまで浸透していった戦争は、人びとの日常の暮らしの中でも、そうした大人が子どもに向けるまなざしという次元までをも規定するものであった。

戦争の中の祈り

戦争は、人びとの暮らしの隅々にまで浸透していったが、それはさらに、人びとの神仏に対する祈りにまで浸透していった。そうしたことについて、喜多村理子は、『徴兵・戦争と民衆』の中で、戦時中、人びとが神仏に対して、徴兵に外れることを祈る「徴兵逃れ」祈願と、出兵した兵士の無事を祈る「武運長久」祈願について取り上げている。

「徴兵逃れ」と「武運長久」という二つの祈りは、国家という枠組みからみれば、一見相反するもののようにも見えるが、人びとのあいだでは、徴兵前には、「徴兵逃れ」の祈願が行われ、それがかなわなければそのまま同じ神仏に対して、「武運長久」の祈願が行われるようなものであった。

そしてそうした祈りのありようは、祈る人びとにとっては矛盾するものではなかった。喜多村は次のように述べる——「徴兵されることも戦場に送られることも敵国も、直面せざるをえない身になってみれば厄難に他ならず、そこに通底するのは厄除けの心性である。彼らの前には状況に応じて願いの内容が百八十度変化したとしても許容して、すがる心を優しく包み込んでくれる神仏がある。」（一九二頁）。

戦争は人びとの神仏に対する祈りにまで浸透していったが、人びとはそれを、それまでの暮らしから分断された非日常ではなく、「厄難」というそれまでの暮らしと連続する日常の中で受け入れていた。

戦時下の「日常」

人びとの日常の暮らしという視角から戦争を問い直す。そうした、喜多村や乾らの試みは、当時、戦争が人びとの暮らしに浸透していく中で、一方では、戦争が人びとの日常の暮らしをさまざまな次元において規定していたことと、その一方では、人びとがそうした戦争をそれまでの暮らしから分断された非日常ではなく、それまでの暮らしと連続する日常の中で受け入れていたことを示していた。

また、乾は、そうした日常の暮らしから戦争を検討することは、私たちが生きる日常の暮らしそのものを再検討することへとつながると指摘する——「現在の私達の暮らしの中にもこのような形で、さまざまな思惑や意図が紛れ込んでいるのではないかと考えてみる必要はないだろうか。」（二七九頁）。

戦争の時代を生きた人びとにとって、戦争が日常の暮らしの中にあったとすれば、それは、現在私たちが生きる日常の暮らしとも地続きである。そうしたことを、喜多村や乾らの議論は投げかけている。

（木村豊）

女性イメージの変容

若桑みどり『戦争がつくる女性像――第二次世界大戦下の日本女性動員の視覚的プロパガンダ』
筑摩書房・一九九五年　［ちくま学芸文庫］二〇〇〇年

純粋芸術から宣伝芸術へ

著者の若桑みどりは、近代日本を代表する油絵画家の質の高い作品が、戦時に一〇〇万部を突破した婦人雑誌『主婦之友』に多数掲載されていることに気づく。これまでのあからさまな戦争賛美、戦争協力をうたう通俗雑誌掲載の「大衆芸術作品」を美術史家は、まともに扱ってこなかった。

戦争画は芸術作品として今日も鑑賞されている。しかし、そうした芸術も当時は広義の宣伝芸術《プロパガンダ》メディアとして機能した。伊原宇三郎や松田文夫といった洋画家たちは、戦闘を中心とする戦争記録画の他に、女性の戦意高揚のための戦闘なき戦争画も描いている。前者は芸術作品、後者は大衆宣伝媒体である雑誌の口絵にすぎないのだろうか。この区分を白紙に戻すことを、若桑は求める。

戦争参加とジェンダー

本書はまた戦争参加をめぐる、ジェンダーの問題を読みといている。展覧会場等で展示される戦争画は、男性を主人公として、国威発揚と、戦争体験の栄光化、ないし記録化を実現してきた。しかし、総力戦である第二次世界大戦は、戦闘員たる男性だけではなく女性にも協力を求める。「非戦闘員である一般の女性たちを戦争に誘導したイメージ」（二六六頁）を探るために、著者は、「純粋な芸術」の下位におかれてきた女性向け雑誌（婦人雑誌）の表紙と口絵を分析対象とした。

女性向けメディアによる戦争動員を指摘した研究はそれまでも存在した。それらは、家父長制下の情報弱者であった女性に対し、あくまでもメディアが戦争を煽った責任を問うてきた。若桑はそうした構図も意識しながら、むしろ女性が、単純な被害者などではなく、戦争遂行の積極的「役割」を得たことで、「家庭」という私的な空間から、公的空間へと解放されたことを示唆している。

戦後、夫や息子を国家や戦争にとられ、もう二度とそんな思いは味わいたくないという「母」や「妻」なる意識が、女性の社会参加を促し平和運動の積極的担い手とした。戦時の女性たちも、そうであったからこそ、夫や子を戦地に送り出し、銃後の国内社会の統制維持に尽力したのである。「文庫版へのあとがき」には、本書出版後に世に出た戦時の女性の国民化に関する研究紹介がある。参照されたい。

戦時の女性表象

平時においては、もっぱらかよわい女性性（夢見るように瞳をあげる乙女、結婚指輪をはめたほっそりとした指を頬にあてるあでやかな新妻）が、男に媚びると同時に、かれらにとっての性的魅力であることをみずからも望んだかたちで、前面に押し出されていたが、戦時の女性役割が女性に対して本来の女性性に矛盾する要素を要求するときには、理想とされる女性像は変貌し、「銃後の強い司令官」としての「雄々しさ」が現れる（二四七頁）。

若桑の分析によれば、戦時に女性はまず、戦闘員を産みかつ育てる「母」像として、続いて出征兵士の穴をうめる「勤労女性」像、そして「従軍看護婦」に代表される、戦争遂行を応援する「チアリーダー」なる存在として具現化される。また、キリスト教美術における「聖母子」像との比較も行われ、国際比較研究という点で興味深い分析がなされている。

ただ、著者が美術史研究者ということもあり、婦人雑誌以外の通俗雑誌をはじめ、広告、ポスターや時事マンガなどにおける戦時女性役割の表象分析には及んでいない。若桑が端緒を開いた日本における戦時の女性動員とイメージに関する大衆文化、メディア分析は今後に発展が期待される。関連する研究として、戦時の『主婦之友』が戦時宣伝（プロパガンダ）メディアである以上に広告媒体であったことに着目し、同誌掲載の戦時下化粧品広告に描かれた「美人」像の変遷を追った石田あゆう（二〇〇四年）、戦時下の商業ポスターに描かれた「李香蘭」表象の分析を行った田島奈都子（二〇〇八年）、さらに、私的空間に浸透していく戦争イメージの分析として、例えば晴着としての「神功皇后」図柄の人気や、愛国婦人会による戦争デザイン帯を紹介する乾淑子（二〇〇七年）などがある。

（石田あゆう）

「聖戦」「正戦」の綻び

川村邦光『聖戦のイコノグラフィ——天皇と兵士・戦死者の図像・表象（越境する近代1）』青弓社・二〇〇七年

イコンとしての戦争写真

戦争中には数多くのプロパガンダが発信され、中でも写真や絵画などの視覚メディアは強い力をもって大衆に訴えかける。図像には文章よりも迅速かつ簡潔に人々の本能に訴えかける機能があり、また固定化された像が社会共通の記憶として脳裏に残りやすいのである。事後の研究では、色彩や構図、キャプションなどからプロパガンダに込められた「正しさ」や「力強さ」などのメッセージが解読されてきた。

こうした研究において川村邦光『聖戦のイコノグラフィ』が持つ特徴は、アジア・太平洋戦争期の写真や絵画を単なる戦争プロパガンダとしてではなく、イコン（聖画像）として読み解いている点である。川村はアジア・太平洋戦争が「聖戦」という言葉をもって神のために戦われた宗教戦争であったことに大きく留意する。だからこそ、聖戦の本来的な意味を踏まえて宗教図像論や宗教学を駆使し、図像に込められた意味や意図、信念を内在的に探ることで、作品の深層に辿り着こうとするのである。

戦争における図像

川村が分析対象としたのは、新聞や雑誌などのパブリックな媒体を通じて見る図像と、家庭アルバムなどのプライベートな図像である。前者では現人神たる天皇裕仁と、それに並ぶ頻度で登場した皇軍兵士の写真が考察されている。天皇像は、礼拝対象としての像が直接的に示されることもあれば、姿を秘匿し神話化された形で示されることもあった。下から仰ぎ見るような構図や神々しい光の加減、そしてそれを拝むという行為がまさにイコンとしての役割を示していた。一方、兵士の写真では、新聞紙上に掲載された戦死者の遺影が、現人神に仕える「殉教者」「軍神」として聖化されていく過程を見ることができる。こうした図像が聖なる力をもって人々を動員し、社会的に共有されるイメージとして国民を団結させたのである。

図像というメディアは文章に比してインパクトの強い伝達手段である。瞬時に一つのメッセージを認識させ、シンボル化させる力を持っている。そのため人々を特定の方向へと誘導するには有用な手段であり、戦時中はその遂行と総動員体制の促進に利用されてきた。ベトナム戦争でテレビによる戦争視聴が可能になってからも、ある瞬間を切り取った写真は人々に共通のワンシーンを認識、反復させることで世論の原動力となりやすかった（繰り返し提示された写真の多くは「死体」か、「死んでいくところ」であった）。ただし写真は単独で力を発揮するのではなく、見る側の文脈や時代背景、文化などに左右されることも忘れてはならないだろう（ゴールドバーグ『パワー　オヴ　フォトグラフィ』）。

死者たちの写真

さて川村がとりあげたもう一つの対象は、個人が所有する私的な写真であった。これらは歴史を読み解く視覚資料として、聖戦が表象・隠蔽したものを探る手がかりとされている。

かつて写真は貴重なものであり、撮影をするのは何か特別な日を記念してのことだった。だが晴れの日を祝う写真は被写体の死とともにたちまち遺影へと変わり、聖戦のイコンとして掲げられる。遺影は「ぎこちない硬直したポーズ、また無表情といえる頑なで戦死を予期した、あるいは戦死を約束されたかのような容貌」である（二二一頁）。

そもそも写真は「記憶」や「喪失」と結びつけられやすい。スターケンは行方不明者の捜索写真がその願いとは逆に気味の悪い死の感覚を生み出すと述べたし（スターケン『アメリカという記憶』、四五〇頁）、ベトナムの戦場ジャーナリストたちは写真に写ったら「ラスト・ピクチャー」になるとのジンクスを信じて従軍前の記念撮影を拒み続けた（平敷安常『キャパになれなかったカメラマン（上）』）。写真に保存された「生」が「死」を予感させるのだ。

同じように、戦死者の写真を見て、今はいないその人の生前を思うことができる。川村はそうすることで、遺影を改めて家庭アルバムから甦らせようとする。それは戦死者を〝英霊〟として公的なものに収斂させるのでなく、欠けている個人としての「生」と「死」を召喚する試みであった。

（岩間優希）

戦時下の抵抗

同志社大学人文科学研究所編『戦時下抵抗の研究――キリスト者・自由主義者の場合Ⅰ・Ⅱ』
みすず書房・一九六八年・一九六九年〔新装版〕一九七八年
家永三郎『太平洋戦争』岩波現代文庫・二〇〇二年

「積極的抵抗」と「消極的抵抗」

戦時下において日本の宗教者の多くは戦争を支持した。しかし、戦争に抵抗した者が皆無だったというわけではない。日露戦争時において良心的反戦の立場を守り続けた内村鑑三や、敵兵を殺すのは信条に背くとして看護兵として入隊した矢部喜好などはともにキリスト者であった。さらに昭和初期からアジア・太平洋戦争期にかけて、一貫して軍部を批判し続けた明石順三や、軍隊内兵役拒否を行った村本一生と明石真人もまたキリスト者であった。彼らの軌跡は同志社大学人文科学研究所編『戦時下抵抗の研究Ⅰ・Ⅱ』や、稲垣真美『兵役を拒否した日本人』に詳しい。また、西洋諸国において兵役拒否を可能にした法的枠組みとその理念ついては阿部知二『良心的兵役拒否の思想』が重点的に取り上げている。さらに近年では、市川ひろみ『兵役拒否の思想』が、現代の対テロ戦争における兵役拒否、さらにはそれを支える「準当事者」としての家族の分析を行っている。

兵役拒否の実践者たちの積極的な抵抗には畏敬の念を抱くが、誰もがみな勇敢に抵抗を貫くことができたわけではない。手を汚さなかった特定個人を必要以上に英雄視することには一種の危うさがつきまとう。むしろ、戦時下の抵抗を考える際、家永三郎『太平洋戦争』が第二編第十二章「戦時下の抵抗と怨嗟の声の発生」で指摘したような、「消極的抵抗（沈黙、非便乗、非迎合）」という、いわば目に見えにくい抵抗のあり方に社会学的な研究の余地があるのではなかろうか。

何を「抵抗」とみなすのか？

「消極的抵抗」に着目しようとしたところで、以下のような疑問が浮上する。そもそも「消極的抵抗」という極めて個人的な行為に対して客観的判定を下せるような指標があるのだろうか、という疑問である。家永が言うように「文芸や学問の世界では、その領域の独自の技術的作業にかくれることである程度まで便乗せずとも良心的な仕事をつづける余地がないでもなかった」（三五四頁）。しかし、実はこれこそが、戦時下の抵抗を研究する際の難問なのである。特に文学者――戦時下に筆を折った文学者ではなく、戦時下にも書き続けた文学者――の抵抗を考える際には、時代状況の認識自体が作品内の表現となるため、緻密なテクスト分析が求められる。その困難さは、同志社大学人文科学研究所編『戦時下抵抗の研究Ⅱ』所収のシンポジウムの記録で、高見順の抵抗をめぐって意見が分かれている箇所に端的に表れている。また、学界において戦争政策と絶縁した主題を選択した研究（中世研究や美術研究）も、同様に判断が難しい抵抗のかたちであろう。

「消極的抵抗」の内実を明らかにするには、権力の縦軸を意識しながら、どのような状況で、誰が、誰に対して「消極的抵抗」を行ったのかという観点で個別のケースを分析していくという従来の方法があり、その有効性は疑うべくもない。ただし、それとは別に、抵抗主体としての雑誌メディアに着目する方法もあるのではないか。

抵抗主体としての雑誌メディア

体制に批判的、非協力的な文学活動を担った『人民文庫』。あるいは京都在住の知識人たちによる文化的抵抗の実践の場となった『世界文化』。そして『学生評論』を中心とする学生たちによる様々な雑誌、同人誌、回覧誌。戦時期の抵抗主体となったこれらの雑誌メディアは、近年では文学研究や運動史の研究対象として注目され、復刻も進んでいる。しかし、これまでの研究では雑誌に関わった特定の知識人に関心が集まってきた。

特定個人にではなく、雑誌メディア自体に注目することで見えてくるのは、雑誌のもとで「反ファシズム」に収斂していく言説の様態であり、読者欄や編集後記から浮かび上がる受容動向である。その研究の実践例の萌芽は、同志社大学人文科学研究所編『戦時下抵抗の研究』所収の論文、郡定也「京都学生文化運動の問題」のなかに既に存在する。そこでは創廃刊の背景や内容紹介だけでなく、編集スタッフの視点と読者欄の分析、さらには雑誌間のネットワークの解明などが、ときに検察資料を駆使しながら行われている。メディア史研究の観点からみても、先駆的な仕事であった。

（山本昭宏）

占領はいかに受容されたか

ジョン・W・ダワー（三浦陽一・高杉忠明訳）『敗北を抱きしめて（上）』／（三浦陽一・高杉忠明・田代泰子訳）『敗北を抱きしめて（下）』岩波書店・二〇〇一年〔増補版〕二〇〇四年
マイク・モラスキー（鈴木直子訳）『占領の記憶／記憶の占領――戦後沖縄・日本とアメリカ』青土社・二〇〇六年

「占領というものは何よりも占領された者の経験である」。占領史家の袖井林二郎は自身の研究活動をまとめた『占領した者された者』の中で鶴見俊輔のこの言葉を引用して、次のように付け加えた。「占領者、つまり占領した人間あるいは国は、その占領の経験を通じてあまり変わることがないし、あまり多くを学ばない。しかし占領された者の方は、占領によって大きく変わらざるをえないし、また当然に変わるわけ」である（二三八頁）。こうした視座から、ここでは占領の受容について検討してみよう。

占領体験の複数化

アメリカの日本史研究者ジョン・ダワーは、「日本人の敗戦体験」というテーマで研究を進めるにあたって、ここにいう「日本人とは誰なのか」を自問した（『敗北を抱きしめて（上）』、ｘｉｖ頁）。この素朴な問いを通してダワーは、日本人に対するアメリカ社会の画一的な捉え方に転換をもたらす作業を構想する。こうした問題意識のもとに書かれた『敗北を抱きしめて』は天皇や政治家、官僚といった支配層だけでなく、性や年齢、出身地域、階層、社会的地位、価値観および信念の異なる人々の視点で占領史を再検討している。このために、公文書はもちろん、新聞への投書や手紙、大衆雑誌、ベストセラー、漫画、新造語、流行歌、子供の遊びなどを素材に、占領された側の反響を探っている。

ダワーは無条件的な服従から批判的支持まで占領者と占領統治に対する様々な受けとめ方を丁寧に吟味している。そのうえで、多くの日本人は「アメリカが占領の初期に改革を強要したからだけでなく、アメリカ人が奏でる間奏曲を好機と捉え」、「自分自身の変革の筋立てを自ら前進させた」ことを論じている（xvii ～ xviii 頁）。占領された側は各自が持っていた抱負と期待の相違にもかかわらず、占領した側を「抱きしめ」ようとした点で共通していたのである。

国民的記憶の再構成

確かに、日本本土では占領が解放と変革のきっかけとして歓迎されていた。しかし、こうした場合でも、占領が他国（の軍隊）による支配であることに変わりはない。マイク・モラスキーの『占領の記憶／記憶の占領』は、日本語文学における被支配経験の再現を分析している。これまで「占領文学」として広く知られてきたのは「男性によって」書かれた「男性中心的」な物語である（二一四頁）。これを相対化するために、モラスキーは女性作家の作品、そして日本（本土）の作品だけでなく沖縄文学もともに扱う。

同書の分析によれば、地域を問わず男性文学においては占領のアレゴリーとして強姦や売春を経験する女性の身体が多用されている。しかし、女性文学においてはこうしたアレゴリーがほとんど見られず、占領下の女性抑圧の真の原因となった「貧困や偏見、家父長制といった国内的状況」が浮き彫りにされている（二九七頁）。一方、日本の作品はアメリカと日本の二者関係を中心に据えているが、沖縄文学はアジアとの関係も視野に入れて沖縄の被害者性のみならず日本帝国主義との共犯関係も問うている。占領をめぐる国民的記憶は、こうした「テクスト間の広大な断面図を通じてのみ」とらえられることが確認されている（三五二頁）。

市民の立場から見る占領

では、占領された側は自身の体験をどのように理解しようとしてきたか。これに関する重要な成果としては、思想の科学研究会の「占領研究サークル」の活動が挙げられる。一九七二年の沖縄返還を前後とした時期に約四〇人の研究者や作家、評論家、そして市民が自主的に研究を進める。占領した側とされた側の体験を文字化し日本と沖縄の占領をともに検討した。その結果をまとめた『共同研究　日本占領』と『共同研究　日本占領軍』は、沖縄と在日朝鮮人に対する二重の占領やアジアに対する差別構造の温存など、日本と日本人という枠を超えて占領の意義に論及している。ここでの諸議論は四〇年近くの歳月が過ぎた今日でも決して色あせることなく、占領史を理解するうえで多くの示唆を与えてくれる。

「占領というものは、戦争の後始末であり」、「いってしまえば戦争の数ほど占領がある」と袖井（『占領した者された者』、一三七頁）はいう。以上の議論を踏まえていえば、占領された側にとって占領は勝者による戦後処理と支配だけを意味しない。占領された側は、戦前から戦後まで継続している権力構造を視野に入れて支配と被支配の経験を振り返ることで、占領の歴史から学んできたのである。

（南衣映）

コラム 戦後映画と「戦争の記憶」の痕跡

戦争映画では、多くの場合、「正しさ」「勇ましさ」を兼ね備えた主人公が描かれてきた。しかし、「ダメ男」が主人公になることはまれである。周囲から無能を蔑まれたり、意地汚く私欲にこだわる人物が主人公になる映画は、たしかに少ない。だが、考えてみれば、「正しさ」「勇ましさ」を貫くような兵士も限られていたのではないか。

とはいえ、例外的に「ダメ男」を描いた映画もないではない。そのひとつに『拝啓、天皇陛下様』（野村芳太郎監督・一九六三年）がある。山田正助（渥美清）は最貧困層の出自で、読み書きも満足にできない。その主人公にとって、「軍隊は天国」であった。兵営では三度の食事が保障され、寝床と風呂にありつくこともできた。二年兵の暴力に苛まれることもあったが、翌年になれば、初年兵の上に立てた。

そこで興味深いのが、正助にとっての軍隊の機能である。中隊長は彼に読み書きを習わせ、規律・礼節を教え込む。それにより、除隊後には果樹園に就職することができた。下層出身の兵士たちにとって、軍隊は再教育の場であり、階層上昇を可能にするものであったことが描かれている。もっとも、そのゆえに除隊を憂鬱に感じるほどに軍隊への愛着を抱き、天皇信仰が深まっていく。平気で「徴発」を行う心性が、戦後になっても抜けないさまも描かれる。貧困層にとって、軍隊や戦争がどう映ったのか。そのことを考えさせてくれる作品である。

戦争映画ではない作品にも、戦争の記憶の痕跡を読み取ることができる。植木等の出世作『ニッポン無責任時代』（古澤憲吾監督・一九六二年）では、クレージー・キャッツ「無責任一代男」が随所に使われている。その歌詞には「人生で大事なことは／タイミングにC調（調子がいいこと）に無責任／とかくこの世は無責任／こつこつやる奴ぁごくろうさん」とある。戦後二〇年にも満たない当時の観衆にしてみれば、上官への追従や物品の横流し・私物化が横行した往時の軍隊が思い起こされたことだろう。

勝新太郎主演『座頭市物語』（三隅研次監督・一九六二年）では、二つの組が斬り合うシーンのなかで、住民が巻き込まれて殺される場面も描かれる。それがないほうが、かえってストーリーが明瞭になるのだが、あえて挿入されているところに、戦地住民と軍隊の関係を連想するむきもありえよう。

ポピュラー・カルチャーのなかに戦争の記憶の痕跡がどう埋め込まれてきたのか。そうした問いは、もっと掘り下げられてもよいのかもしれない。

（福間良明）

第三章　体験の理解と記憶の解釈

overview

戦後、戦争体験や戦争の記憶が多く語られてきた。しかし、そこでの議論のされ方は一様ではない。時代によって、さまざまな議論のねじれが見られた一方、同時代においても、幾多の齟齬が見られた。こうした状況をいかにして捉え返すことができるのか。第三章「体験の理解と記憶の解釈」では、それらを考えるうえで役立つであろう文献を取り上げている。

［体験の理解］

安田武『戦争体験』（一九六三年）では、学徒兵として出征した経験をふまえながら、戦争体験を言語化することの困難が記されている。戦争体験は、ともすれば、感動やカタルシス、あるいは何らかの政治主義（「右」であれ「左」であれ）に結びつく形で受け止められることも多い。だが、それによって何が削ぎ落とされるのか、そこにいかなる欲望が垣間見えるのか。こうした点について、安田の著書は示唆を与えてくれる（「戦争体験への固執」）。

森岡清美『決死の世代と遺書』（一九九三年）・『若き特攻隊員と太平洋戦争』（一九九五年）は、戦中派世代の社会学者が、同世代の戦争体験の理解を試みた研究書である。ともすれば誤記も少なくない手記・遺稿集をいかに読み解くか。そこから戦没者の意味世界をどう探るのか。両書は、当事者の心情・苦悩に内在的に迫りつつ、彼らの思考様式を社会学として捉え返している（「体験者の心情を読み解く」）。

[記憶に向き合う]

他方で、これらの体験がどう記憶され、何が忘却されてきたのか、社会的・集合的な記憶がいかに紡がれてきたのかという論点もあり得よう。これらの議論は、一九九〇年代以降にカルチュラル・スタディーズやポスト・コロニアル研究が盛り上がるなかで生み出されたものも少なくない。米山リサ『広島　記憶のポリティクス』(二〇〇五年)は、支配的な「ヒロシマ」言説からそぎ落とされてきた多様な「広島の記憶」を、エスニシティやジェンダー、コロニアリズムの視点も交えながら浮き彫りにし、「戦争の記憶」における忘却のポリティクスを批判的に問うている。他方で、山口誠『グアムと日本人』(二〇〇七年)は、かつて激戦地であった「大宮島」の記憶がかき消され、年間一〇〇万人の日本人が訪れる「楽園」へと転じていくプロセスを丁寧に跡付けている。チャモロ人、アメリカ人、日系人、日本人それぞれの戦争の記憶・忘却がいかに交差し、乖離してきたのか。複雑に絡み合ったそれらの糸をていねいに解きほぐしながら、「忘却性そのものの忘却」が捉え返されている。戦争の記憶と観光、そして、ガイドブックというメディアの結節について、示唆に富むものであろう(「記憶と忘却」)。

日本人の集合的な戦争の記憶を考えるうえでは、「終戦」イメージの検証を避けて通るわけにはいかない。佐藤卓己『八月十五日の神話』(二〇〇五年)は、ポツダム宣言の受諾(八月十四日)でも降伏文書調印(九月二日)でもなく、玉音放送(八月十五日)をもって「終戦」と捉える歴史認識が、いつからどのような過程を経て生み出されたのか、その社会的な力学について詳述されている。そこにおけるラジオの機能の指摘は、国民的記憶をメディア論の観点から考えるうえで有用なものである(「終戦・敗戦の記憶」)。

「終戦」が起点となる戦争体験もあった。満州移民の引揚体験は、その代表的なものであろう。社会学的な満州移民研究の先駆である蘭信三『「満州移民」の歴史社会学』（一九九四年）は丹念な聞きとり調査を通じて、引揚者や残留者たちの「生きられた世界」を描いている。坂部晶子『「満洲」経験の社会学』（二〇〇八年）は、「満洲国」における植民地経験を検証し、植民者（日本人）と被植民者（中国人）の双方の多様な語りから、彼らの生活世界の再構成を試みている（「植民・引揚と『帝国』の記憶」）。

戦争体験は、ときにそのあまりの重さのゆえに、「トラウマ」を導くことも少なくない。そこには、体験を語ろうとする際の困難や言語化不可能性がつきまとう。精神分析を視野に入れながら、これらの問題に向き合ううえでは、キャシー・カールス『トラウマ・歴史・物語』（二〇〇五年）なども導きとなるだろう（「トラウマとしての戦争体験」）。

〔体験の語りの系譜〕

戦争体験をめぐる言説を総体的に把握し、その変容プロセスに着目する研究も、多く生み出されている。高橋三郎『「戦記もの」を読む』（一九八八年）は、膨大な「戦記もの」を整理・類型化したうえで、体験の捉え方の系譜を歴史社会学的に考察している。体験記史・体験論研究の先駆的な業績である。成田龍一『「戦争経験」の戦後史』（二〇一〇年）は、一九九〇年代以降の言説にも目配りをしながら、戦争の経験をめぐる語り口の変容と、戦後の社会状況・世代構成の変化の相関について、整理がなされている。吉田裕『兵士たちの戦後史』（二〇一一年）は、さらに二〇〇〇年代までの戦記・証言記録を俯瞰し、下級兵士たちの証言が生み出される磁場を解き明かしている（「戦争体験言説の戦後史」）。

体験記の言説変容は、非体験者を含めた日本全体の戦争観の変容とも密に関わっている。吉田裕『日本人の戦争観』（一九九五年）は、戦後五〇年間の戦争観の変容過程を洗い出している。同書では、戦記、雑誌『丸』、戦記マンガ、世論調査結果など、じつに多様な素材への目配りがなされている。「海軍史観」「ダブル・スタンダード」といった視角とともに、分析対象の選択やアプローチの仕方に学ぶべきものは多い（「戦争観の変容」）。

戦後思想が生み出されるうえでも、戦争体験や戦争観が深くかかわっていた。小熊英二『〈民主〉と〈愛国〉』（二〇〇二年）は、戦時期の体験の相違や戦争体験をめぐる世代差が、戦後思想の生成にどのように関わっているのかを分析し、知識人言説の社会的な磁場を解き明かしている（「戦後思想と戦争体験」）。

断絶と継承、被害と加害

戦争体験や戦争の記憶が論じられるうえでは、「加害責任」の問題も争点になっていた。川村湊・成田龍一・上野千鶴子らによる『戦争はどのように語られてきたか』（一九九九年）では、戦争文学において、しばしば、「加害」の問題、とくに戦場となった現地住民が視野に入れられていなかったことが指摘されている（「体験の記述を読み解く」）。小田実『「難死」の思想』（岩波現代文庫版・二〇〇八年）は、「加害」の問いを掘り下げた嚆矢ともいうべきものである。同書は、自らの大阪空襲体験に立脚しつつ、同時に小田を含む日本人が「加害者」でもあった（あるいは、いつでも容易になりえる）ことを直視していた。そこでは、「加害」「被害」のいずれか一方ではなく、両者を表裏一体に捉えながら議論を深めていくことが模索されていた（「『被害』と『加害』の架橋」）。

だが、「加害」をめぐる議論は、しばしば、戦争体験の「断絶」をもたらした。戦争体験者が若い非体験者に語る際、本人の意図とは別に、どうしても「体験を振りかざす」かのように受け止められることがあった。一九六〇年代後半はとくにそのことが顕著であった。それに対して、若い世代は「加害」

を争点化することで、年長者の戦争体験の語りを批判した。福間良明『「戦争体験」の戦後史』（二〇〇九年）は、教養主義的な性格を帯びがちな戦争体験の語り（「戦争体験という教養」）を分析しながら、「戦争体験の断絶」の変容プロセスを描いている。また、「断絶」は時系列だけではなく、共時的な軸——たとえば、日本本土と沖縄、広島、長崎等——でも見られる。福間良明『焦土の記憶』（二〇一一年）は、これら共時的な「断絶」の通時的変容プロセスと、その背後の力学について分析している（「『断絶』の錯綜と世代」）。

とはいえ、体験の「継承」をめざす試みも多くなされているのは事実である。その可能性や限界をどう考えればよいのか。それについては、前記の福間良明『「戦争体験」の戦後史』のほか、浜日出夫編『戦後日本における市民意識の形成』（二〇〇八年）、桜井厚・山田富秋・藤井泰編『過去を忘れない』（二〇〇八年）、関沢まゆみ編『戦争記憶論』（二〇一〇年）が参考になるだろう（「戦争体験の継承と断絶」）。

［メディアの問題］

戦争を「語り継ぐ」メディアに焦点を当てた研究も、決して少なくはない。福間良明『「反戦」のメディア史』（二〇〇六年）・『殉国と反逆』（二〇〇七年）は、「学徒兵」「沖縄戦」「原爆」「特攻」等々を扱った戦記や映画の戦後史を見渡しながら、大衆文化における「戦争の記憶」の変容をメディア論の観点から分析している（「メディアの機能と語りの位相差」）。

戦争を語る「メディア」（媒介・媒体）としては、戦跡や記念碑、資料館も重要である。荻野昌弘編『文化遺産の社会学』（二〇〇二年）は、戦争遺跡の「保存」「文化遺産化」がしばしば、固有の生々しさを「無色で透明」な「集合的記憶」へと昇華することを描き出している（「戦争遺跡と文化遺産」）。記念館・資料館における「戦争の語り」を考えるうえでは、歴史教育者協議会編『増補版　平和博物館・戦争資料館ガイドブック』（二〇〇四年）が有益である（「戦争博物館・平和祈念館の社会学」）。

（福間良明）

戦争体験への固執

安田武『戦争体験——一九七〇年への遺書』未來社・一九六三年〔再刊〕朝文社・一九九四年
吉田満（保阪正康編）『「戦艦大和」と戦後　吉田満文集』ちくま学芸文庫・二〇〇五年

「平和」と体験のギャップ

「平和への思いをあらたにするために、戦争体験を語り継がなければならない」——八月の「終戦」シーズンには、新聞やテレビでこの種のフレーズを頻繁に見聞きする。戦争体験と「反戦」「平和」を結びつけるロジックに、われわれはとくに違和感を抱くことはない。だが、果たして、この両者はそれほど親和的なのだろうか。

戦争末期に学徒兵として出征し、戦後は多くの戦争体験論をものした安田武は、その著書『戦争体験』（一九六三年）のなかで、次のように記している——「戦争体験の意味が問われ、再評価され、その思想化などということがいわれるごとに、そうした行為の目的のすべてが、直ちに反戦・平和のための直接的な「行動」に組織されなければならぬ、あるいは、組織化のための理論にならねばならぬようにいわれてきた、そういう発想の性急さに、私はたじろがざるを得ない」（一三七頁）。

六〇年安保闘争が高揚するなか、反戦運動は盛り上がりを見せていた。当然、そこでは多く戦争体験が論じられた。しかし、安田はそれにつよい違和感を抱いた。安田は、反戦・平和の運動のために戦争体験を解釈する思考を嫌悪し、体験そのものにこだわろうとした。

安田にとって、戦争体験とは「ペラペラと」語れるようなものではなかった。それを語ろうとすると、「恥」「ためらい」「疲労感」、そして『「戦争体制』そのものに加担し協力したという自覚」といった感情が複雑にうずまいた。それゆえに、「戦争体験は、長い間、ぼくたちに判断、告白の停止を強いつづけたほどに異常で、圧倒的であったから、ぼくは、その体験整理の不当な一般化を、ひたすらにおそれてきた」（九二頁）。安田にとって、戦争体験や「死者の声」を政治的な主義主張に安易に結びつけることは、体験を軽視するものでしかなかったのである。

「反戦」と「責任の隠蔽」

「反戦」を声高に叫ぶことは、ときに戦争責任を不問に付すことにもつながった。戦艦大和の沖縄特攻作戦に従軍した経験を持つ吉田満は、その危うさについて、こう記している――「戦時中のわが言動の実態を吐き出すのではなく、逆に戦争にかかわる一切のものを否定し、自分を戦争の被害者、あるいはひそかな反戦家の立場に仕立てることによって、戦争との絶縁をはかろうとする風潮が、戦後の長い期間、われわれの周囲には支配的であった（吉田満『「戦艦大和」と戦後』、一九五頁）。

「反戦」を語る正しさは、往々にして自己を「被害者」「反戦家」の側に置き、自らの責任の自覚、あるいは、その場にいたとしたら同じ過ちを犯したかもしれないことへの恐れを曇らせることになる。吉田にとって問うべきは、「過去の悪夢」ではなく、「そのような悪夢の中に落ちこんだ自分、そしてそこに落ちこむことを余儀なくされるまで無為であった、自分自身」であった（三三六頁）。

吉田は自らの戦争体験と当時の心情を『戦艦大和の最期』に綴り、創元社より出版した（一九五二年）。しかし、当初は「戦争批判がない」「好戦的ではないか」といった非難も多かった。だが、この種の「正しい」議論が当時の心理状況を掘り下げ、国民個々の責任の冷徹な検証を阻んでしまう。そうした問題点を、吉田は指摘していた。

「継承」という「断絶」

後世の価値観に依拠しながら歴史や体験を語ることで、何が見落とされるのか。吉田や安田の議論には、そのことが浮き彫りにされていた。安田武は、政治主義が過熱するなか、「無関心」や「ナンセンス」をせせら笑われるところに踏みとどまりながら、「埋没した無数の死を掘りおこし、そのおびただしい死を、『死』そのものの側から考え直」そうとした（安田武『戦争体験』、一四一頁）。それを安田は「『臆病者』に甘んずる勇気」と形容した（一四三頁）。その問題意識は、吉田満にも通じるものであった。

靖国問題や教科書問題など、歴史認識をめぐって議論が過熱することは少なくない。そこでは、さまざまな立場から「正しい議論」が展開される。しかし、その「正しさ」において何が見落とされ、何が抑え込まれがちなのか。それを考えることは、決して無意味なことではあるまい。むしろ、あるべき立論を構想するうえでは、じつは不断に「正しさ」を相対化する営みが不可欠なのではないか。安田武や吉田満の議論からは、そうした問いが浮かびあがっている。

（福間良明）

体験者の心情を読み解く

森岡清美『決死の世代と遺書――太平洋戦争末期の若者の生と死』新地書房・一九九一年
［補訂版］吉川弘文館・一九九三年
森岡清美『若き特攻隊員と太平洋戦争――その手記と群像』吉川弘文館・一九九五年
［復刊］二〇一一年

解読という問題

特攻隊員は、颯爽と死に臨んだのか、最後まで死を拒んだのか。特攻隊員の手記は教えている。どちらも本当だったと。手記は、生と死の軌跡を刻んでいる。その軌跡を辿り、特攻隊員の「本意」に迫るには、厳格な手順が必要となる。生者は、死者の魂を勝手に弄んではならない。

森岡清美は、『決死の世代と遺書』で「決死の世代」（五頁）の戦没者の手記（手記・手紙・日記・遺書など）、『若き特攻隊員と太平洋戦争』で特攻隊員の手記を資料に、戦没者／特攻隊員の生と死を分析した。その成果は、今や戦争研究の古典をなす。森岡は、手記を広く渉猟し、（何点かの）原本と照合した（刊行物には誤記が多い）。手記は、戦没者／特攻隊員の心情を直截に表出する。しかしその情報には、信頼性（作為）・完璧性（検閲）・代表性（偏り）などの問題がある。このような手記の弱みを補強し、手記から戦没者／特攻隊員の（心情の）全体像に到達するために、森岡は、三つの方法を取った。

一つ、手記の全体を一つのプールとして扱い、そこに認められる共通特徴を採り上げて論じた。「重ね焼き法」（『若き特攻隊員と太平洋戦争』、四頁）、つまり、資料の相互補完的な利用である。森岡は、特定個人の手記と同じ戦隊に属した人々の手記を、それぞれ相互補完的に用いて、手記の弱みを補強した。二つ、時代の共有体験をもつ世代（コーホート）のまとまりを手記分析の対象とした。森岡は、「戦争によってもっとも深い痛手を受けた」（『決死の世代と遺書』、一頁）「決死の世代」および特攻体験をもつ人々に研究対象を絞り、世代の共有体験を彼らの個々の体験をテクスト解釈の準拠枠とした（そこには、森岡自身の同時代体験も含まれる）。三つ、手記から、「決死の世代」の戦没者／特攻隊員の人間類型を構成した。森岡は、時代の要請に黙々と殉ずる「習俗的役割人間・過程型」（『決死の世代と遺書』、二〇五頁）と、時代の要請に積極的に殉ずる「主体的役割人間・過程型」（同）を構成し、後者に「決死の世代」の典型を見た。

手記解読の手順

手記の相互補完的利用、手記分析の対象の限定、類型化法による典型像への接近。森岡は、これらの手順に基づき、テクストの解読に進む。「合理的推論を可能にする手がかりにより、かつ決死の世代の経験を共有する者として、解読のガイドラインに沿うて、戦没者の意味世界を探り、これをいわば内在的に理解しようとする」（『決死の世代と遺書』二一五頁、傍点は引用者）。手順は具体的に、次のようになる。手記を読み、記述の細部に分け入り、テクストを分析する。その結果を他の手記（や関連資料）と照合し、記述の整合性を確かめる（資料批判）。その上で、戦没者／特攻隊員の心情の全体像に接近する。まず、入手できた手記の全体を見渡し、手記の書き手や時期、宛先、目的などを括弧に括り（横に置き）、手記自体の文脈に沿って手記を読む。次に、反復される範型的な表現を導き（解読の準則）として、テクストの意味を合理的に推論し（意味連関を探り）、その意味を現前する（内在的理解）。それに他の手記を重ね（比較し累積し）、テクスト解釈の確かさを増進する。同時に、類似の記述を整理し、類型へ昇華する（類型化）。それを基点に他の類型を構成する。こうして、戦没者／特攻隊員の全体像（類型のセット）に接近する。戦没者／特攻隊員の（心情の）「本当の姿」は、この全体の中にある。

解読とその意味

こうして戦没者／特攻隊員の典型像を描き、それと手記のテクストとの間を往還する。手記は、生と死のドラマに溢れている。拒否も脱出もできない時代。決死と必死。死の懊悩・思考の中断・諦観。恨みの軍隊と死のコンボイ（戦友）。任務の遂行と家族の追慕。覚悟と決意。土壇場の生還願望……。戦没者／特攻隊員の心情の奥に、彼らに死の懊悩の仕方さえ教えた日本近代の時代精神がみえる。彼らの運命は、私たちの運命に通底する。だからこそ、彼らの手記は、私たちの運命解読のテクストとなる。

（青木秀男）

記憶と忘却

米山リサ（小沢弘明・小澤祥子・小田島勝浩訳）『広島　記憶のポリティクス』岩波書店・二〇〇五年
山口誠『グアムと日本人――戦争を埋立てた楽園』岩波新書・二〇〇七年

歴史と記憶

過去の戦争を読み解こうとするときほど、「歴史」と「記憶」の違いが問われる場面は少ない。一般に「記憶」は、過去の体験を想起した個人的で非公式な言説として、他方で「歴史」は、権力性を帯びた視角から書かれた集合的で公式な言説として、しばしば対比される。だが米山リサは、著書『広島　記憶のポリティクス』の序章において、そうした「歴史」と「記憶」の対比関係を根底から問う。

広島という戦場（核兵器による被爆と被曝という特異な、しかし紛れもない戦場）をめぐる多様な記憶を捕集する米山は、「歴史についての問いが記憶という言葉で語られるとき、研究者たちは歴史的知の内容だけでなく、その知がアクセスされるプロセスも問わねばならない」と述べる。同書で彼女が取り組む「記憶の研究は、過去の何を知っているかだけでなく、どのようにわれわれが過去を知るのかに常に焦点を合わせるのである」（三六頁）。

このとき米山は、特定の記憶が繰り返し想起され、やがて公式な歴史として語られる「ヒロシマ」の支配的な言説が生成される過程ではなく、そうした「ヒロシマ」が来た道（traces）から取り残されてきた、異質な位置価において想起される「広島の記憶たち」に着目し、それらを具に記述する。

記憶の多声性《ポリフォニー》

エスニック、コロニアル、ジェンダーの視角から米山が捕集した「広島の記憶たち」は、「ヒロシマ」をめぐる支配的なナショナル・ヒストリーからは見えてこない戦場の記憶を読者に示す。そして体験から四〇年あまり経た一九八〇年代から九〇年代（それは米山が集中的に広島を訪れた時期でもある）において、様々な戦場の記憶が想起されることの社会的な意味を思考することへ、読者を誘う。

米山が同書で試みるのは、忘れられた「広島の記憶たち」を描くことで、「ヒロシマ」という単一化する支配的な言説に対し、抵抗と批判を企てることだけでない。「忘却性そのものの忘却」（四四頁）を意識化して「回避」し、記憶の多声性《ポリフォニー》を「回復」する試みとして、あるいは多様な記憶を様々に想起する主体たちが「統合」されずに、その異なる位置価において連携できるような歴史のあり方を模索する試みとして、読むことができる。

ただし米山の書では、記憶の多声性《ポリフォニー》が重視される一方で、「ヒロシマ」をめぐる支配的な言説が想起され、生成していく過程は十分に考察されていない。だが「ヒロシマ」の記憶は、広島市や日本政府などの公的権力が制定すれば広まるものではなく、それ自体も様々な想起と忘却のプロセスを経て社会的に流通するに至った、記憶の一種である。そうした「ヒロシマ」をめぐるメディアの言説を通時分析した福間良明の『焦土の記憶』は、米山の書と併せて読むことで、より重層的な理解へ導いてくれるだろう。

忘却性の忘却と統合されない歴史

広島における米山の「記憶の研究」を参照し、米領グアム島における日本人の歴史と記憶の想起を問う書に、山口誠『グアムと日本人』がある。周知のように今日の米領グアム島は、年間で約一〇〇万人もの日本人観光者が訪れるビーチ・リゾートであり、訪島者の約八割が日本人で占められる「日本人の楽園」である。

しかし同島には、真珠湾攻撃と同じ日に日本軍が侵攻し、「大宮島」という名で占領統治した過去があり、二万人を超える日米両軍の将兵が命を落とした「玉砕の島」として、戦後のある時期まで記憶されてきたはずだった。ここには米山がいう「忘却性そのものの忘却」がある。

「忘れたことさえ忘れるまえに」という言葉ではじまる山口の書は、「大宮島」の記憶を収集し、いつ、どのようなプロセスを経て「玉砕の島」が「日本人の楽園」へ変換したのかを問う。そして先住民チャモロ人による戦争の記憶を想起する運動が、グアム社会において活性化しつつある現況を描いた。

沖縄の普天間基地に駐留する米軍海兵隊とその基地施設を米領グアム島へ移設する計画が二〇〇六年に発表されると、同島に住む人々が「大宮島」の記憶を想起し、日本人の「グアム」へ接続する運動が一層盛んになった。しかしそこには、戦後長らく差別を受けてきたグアムの日系人家族をはじめ、いまも想起されず、また想起すること自体に様々な困難を抱えた「記憶たち」が、数多くある。

戦争をめぐる記憶の多声性《ポリフォニー》を「回復」するとともに、そうした様々な記憶を「統合」せずに、その差異のままに連携できるような歴史のあり方を思索することが、いまも求められている。

（山口誠）

終戦・敗戦の記憶

佐藤卓己『八月十五日の神話——終戦記念日のメディア学』ちくま新書・二〇〇五年
生井英考『負けた戦争の記憶——歴史のなかのヴェトナム戦争』三省堂・二〇〇〇年

記憶と忘却のあいだ

戦争に負けるという経験は敗者にとって耐え難い屈辱であり、できることなら忘れ去ってしまいたい深い心の傷である。しかし、その一方で、簡単に忘れ去ることができない強烈な経験でもあり、戦争によって命を落とした同胞を弔い、同じ悲劇を繰り返さないためにも想起されなければならない。忘却と想起という対称的な要求のあいだで「負けた戦争」はどのように理解されるのか。

「終戦の記憶」の形成

日本が敗れたアジア・太平洋戦争の「終戦」の日付は一九四五年八月一五日とされている。しかしこの日付を「終戦」の日とすることはそれほど自明ではない。これは、天皇が自らの声でポツダム宣言を受諾して降伏することを日本国民に向けて発表したラジオ放送、いわゆる「玉音放送」が行われた日付である。戦争は外交事項であるにもかかわらず、国際法上の意味を持つほかの日付（ポツダム宣言受諾を連合国に通達した八月一四日、降伏文書が調印された九月二日、サンフランシスコ平和条約が発効した四月二八日など）ではなく、そうした意味を持たない、天皇の声によって降伏が国民に伝えられた日付が「終戦」の日付として日本人に想起される。

佐藤卓己の『八月十五日の神話』は、なぜ八月一五日が「終戦」の日付となってしまったのか、というところから問いを起こす。ラジオで行われた玉音放送は、天皇による終戦の告知であるだけでなく、国民が参加する儀式でもあった。ラジオは、内容だけでなく印象も伝達する極めて感覚的なメディアである。それゆえに、「その儀式への全員参加の直接的感覚こそが忘れられない集合的記憶の核として残ったのである。その感覚を増幅し記憶を強化したのは、新聞であり、雑誌であり、あらゆるメディアがそれに続いた」（二四九頁）。

このように捉えると、「メディアによる国民総動員体制」という点で戦前と戦後の日本社会は連続している。戦中の総動員体制が維持されていたからこそ、戦後の復興と高度経済成長も可能だったのである。そして、「玉音放送による終戦」は、戦後日本のメディアによる国民総動員体制において形成されてきた記憶である。この記憶は、「国体の護持」と「戦後民主主義の出発点」をコインの表裏として保革両陣営を包み込むことができたからこそ、多くの日本人に「敗戦」という受け入れがたい経験を「終戦の記憶」として受け入れさせたといえる。戦後の日本人が占領という事実をすんなりと受け入れ、そのうえ占領軍総司令マッカーサーに熱烈な賞賛と感謝の手紙をこぞって書き送ることができたのも（袖井林二郎『拝啓マッカーサー元帥様』）、経験としての「敗戦」を「終戦」に置き換えた記憶に日本人が寄り添っていたからこそだと考えることもできる。

忘却される「敗戦」

こうした記憶は、八月一五日の玉音放送がほかの敗戦体験を圧倒してしまったことに示されるように、忘却の裏返しでもある。終戦の記憶につきまとう忘却に対して積極的に目を向けることも必要だろう（たとえば、五十嵐恵邦『敗戦の記憶』など）。

こうした忘却と背中合わせになった記憶のなかで受け入れられる「敗戦」の経験は、戦後日本だけの問題ではない。生井英考の『負けた戦争の記憶』は、記憶と忘却が「アメリカにとってのヴェトナム戦争」をどのようにつくりあげていったのかを丁寧に検証している。アメリカは、一九九〇年代に入るまで、ヴェトナム戦争に対して「負けた戦争」ということばを使用するのを周到に避け続けてきた（「破綻した」「失敗した」「誤った」がよく使われる）。アメリカは「敗戦」という事実を記憶から抹消してきたわけだが、ヴェトナム戦争の記憶において忘却はどのように関係しているのか。もちろん、ヴェトナム戦争後のアメリカでこの戦争が全く想起されなかったわけではなく、むしろ、一九八〇年代以降はさまざまなかたちで扱われてきた。しかし、「今日のアメリカでヴェトナム戦争の記憶を語ろうとすることは、当の当事者としてのヴェトナム帰還兵たちの特権的な領分とされる一方、歴史家たちの手からますます遠ざかっている」（二一五頁）。結果的に、他者性を欠落させた「アメリカ、アメリカの経験としてのヴェトナム戦争」としてしか語られないのであり、だからこそ「実際に起こった事」すなわち「敗戦」がアメリカの集合的記憶からは抹消されてきたのである。

（菊池哲彦）

植民・引揚げと「帝国」の記憶

蘭信三『「満州移民」の歴史社会学』行路社・一九九四年
坂部晶子『「満洲」経験の社会学――植民地の記憶のかたち』世界思想社・二〇〇八年

帝国の拡大と植民地の経験

戦争への動員を解除され、平時の体制へと戻ることを復員と呼び、外地から故郷へと帰還することを引揚げというが、一九四五年の終戦時点で海外にいた日本人総数はおよそ七〇〇万人、その半数が軍人であり、残りは兵役などに動員されたわけではない一般人であった（若槻泰雄『新版　戦後引揚げの記録』、四六頁）。一九世紀末からの日本の領土拡大にともない、台湾や朝鮮半島、樺太、満洲などの植民地やそれに準じる地域で暮らした一般の日本人はかなりの数にのぼる。植民地社会という不平等な関係を内包した状況のなかで、近代の日本人はすでに数十年間におよぶ大規模な異文化接触の経験をもっていたともいえよう。こうした経験をわたしたたちはどのように理解しているだろうか。

「満州移民」政策から引揚者、そして中国残留者へ

一九八〇年代から九〇年代にかけて、テレビのなかで「中国残留孤児」と呼ばれる人たちの姿をときおり目にした。彼らは一様に紺色の人民服を着て、しわの刻まれた日焼けした顔をしていたが、戦争中に生き別れた両親や親族を捜す訪日調査の報道がしばしば行われていた。かつての「満洲国」（現在の中国東北地域）にいた開拓民たちであり、戦争中に家族と生き別れそのまま中国に残された人たちであるという説明がなされていた。

彼らはなぜ中国に渡り戦後もそこに残されたのか。戦後世代や植民地での生活経験のない人びとにはあまり理解されていなかったのではないか。「中国残留孤児」をうみだすもととなったのは、総数で二七万人もの開拓民を送出した昭和初期の「満州移民」政策である。この領域に社会学から研究の先鞭をつけた『「満州移民」の歴史社会学』のなかで、著者である蘭信三は、実際に聞きとり調査を行ってみる以前、自分自身の満州移民のイメージもまた「日本帝国主義の手先」、「満州侵略の実働部隊」、「貧農の二、三男か内地で失敗したあぶれ者」といったステレオタイプに支配されていたという。ここでは、満州移民事業について、その概要や内地からの開拓団送出のメカニズム、移民の特徴やいくつかの経験談、さらには戦後の国内再入植のプロセスにいたるまで、さまざまな面からの検討が行われている。

「彼ら体験者にとって、満州移民は過去の歴史上の出来事として終わったわけではない」（一一頁）。当事者自身の語りを聞きとり、彼らの「生きられた世界」に寄りそってみて、戦前の国策に則った移民・植民政策と、戦争直後の大量の引揚者たち、さらに引揚げからとりこぼされまま数十年を現地で暮らした残留者たちとをひとつながりに理解することが可能となったのである。

植民地の「記憶」

植民地社会とは、大規模な異文化接触の現場である。「満洲国」に渡った日本人には、農業移民以外にも、政府行政官や産業技術者、商業関係者、その家族たちなど多様な立場の人びとがいた。彼らは、圧倒的多数の現地住民のなかで生活していた。戦後半世紀が過ぎ、こうした植民地社会の記憶を当事者であった日本人や中国人はどのように分かちもってきているのだろうか。

「満洲国」は理想主義的な国家理念を標榜した独立国家の形態をとったが、実際には日本の軍事力を背景に成立した植民地社会であった。日本の歴史教科書や首相の靖国神社参拝がいくども問題化されてきたように、植民した側である日本社会と植民された側である中国社会では、「満洲国」にたいする一般の歴史理解のかたちもまた大きく異なっている。坂部晶子『「満洲」経験の社会学』は、このような植民地「満洲」についての当事者の記憶を、「満洲国」に居住した日本人と、植民化された社会の住民であった中国人との双方から検討するものである。

ここで「記憶」がキーワードとなるのは、植民地主義のイデオロギーを個々の当事者がどのように内面化し、あるいは反発したのか、そして植民地社会での経験を植民地期以降の時期にどのように自己のなかで再解釈・再編していったのか、という問題にアプローチするためである。日本と中国それぞれの社会において「ナショナルな物語」としての植民地経験を語る言説空間」が形成され、「断片的で生活感覚的な日常の記憶」（二一四頁）はナショナルな物語へと統合される傾向にある。しかし本書では、植民地の経験の複雑な位相に届くためには、「記憶の語られる状況や語られ方そのもの」を注視し、人びととの「多声的な記憶」としてとりだし再構成していく姿勢が必要であることが示されている。

（坂部晶子）

トラウマとしての戦争体験

下河辺美知子『トラウマの声を聞く――共同体の記憶と歴史の未来』みすず書房・二〇〇六年
森茂起『トラウマの発見』講談社選書メチエ・二〇〇五年

戦争体験をいかにして語るのか。そもそも、語ることなどできるのか。戦争を生き残った者が必ずと言っていいほど突き当たる問いである。体験があまりにも悲惨すぎたから語れない、ということだけではない。下河辺美知子が『トラウマの声を聞く』で指摘するように、「戦争自体の中に、言葉を重ねれば重ねるほどにその本質を見えなくする構造が宿っている」（三頁）からである。

そうした構造を解きほぐすための手がかりとして「トラウマ」を挙げたい。出来事の只中に在る時には認識できず、事後的にフラッシュバックや外傷夢として繰り返し襲ってくる。語ろうとすればするほど言葉の間をすり抜けてしまう。こうした「トラウマ」の特徴は、戦争体験を語ろうとするときに直面する困難を言い表している。「トラウマ」という概念自体、戦争と切り離すことができないからだ。

戦争とトラウマ概念

元々、トラウマは身体の傷を意味する言葉だったが、一九世紀から二〇世紀にかけて「心の傷」という意味を獲得していく。森茂起が『トラウマの発見』で描いたように、「トラウマ」誕生の背景には、大規模な鉄道事故や近代兵器による大量殺戮、精神分析の誕生、人道主義の広がりなどがあった。

今でこそ広く認知されているが、「トラウマ」は当初、疑いの目で見られていた。特に、第一次世界大戦時、兵士に見られたパニックや知覚麻痺などの症状は、戦場から逃げ出そうとする臆病者の詐病として非難され、前線に復帰させるための「治療」が施された。しかし、一九八〇年に米国で「ＰＴＳＤ（心的外傷後ストレス障害）」という精神疾患として公式に認知されることになる。ベトナム帰還兵たちの精神障害が戦争体験に起因することを認め、政府の補償の対象にするように、精神科医らが帰還兵たちに協力しながら運動を展開した結果である。

「ＰＴＳＤ」は戦争のもたらす心的衝撃を認識する手助けとなったが、「トラウマ」とは同一視できない。症状の原因を特定できるかどうかが診断において重視されるため、戦争や災害はＰＴＳＤ概念を当てはめることが比較的容易である。しかし、下河辺のように、一方ではフロイトやラカンのトラウマ概念を手がかりに戦争の語り辛さに迫ろうとしながら、他方で「ＰＴＳＤ」を持ち出すのは、理論的矛盾がある。症状と出来事との間に直線的な因果関係を打ち立てるというＰＴＳＤ診断における方針は、精神分析の知見とは相入れないし、ラカンの「現実界」は経験的な出来事ではないからである。

「トラウマ」の政治性

個人を対象としたＰＴＳＤ概念を使って「共同体のトラウマ」を読み解くこともできると下河辺は論

じている。たしかに、戦後の日本社会が「加害の記憶」を抑圧してきたという類の主張はなされてきた。アナロジーとしては面白いが、「共同体のトラウマ」として戦争体験を語ることで、そうした語りを成立させている政治的、文化的な権力作用が見えづらくなってしまう。

そもそも、誰のどのような体験が「トラウマ」として認知されるのかは、きわめて政治的な問題である。「トラウマ」の承認は、賠償や責任の問題と切り離すことができないからだ。ＰＴＳＤと診断されることで、ベトナム帰還兵たちは、たとえ殺戮行為を行っていたとしても、治療と補償が必要な「被害者」になることができた。しかし、被害者が社会的に弱い立場であればあるほど沈黙を強いられ、たとえ沈黙を破ったとしても「否認」という二次的な暴力に晒されることが多い。いかなる語りが「共同体のトラウマ」を支配的に表象し、個々の体験を包摂していくのか、そうした語りから何が排除されるのかを、むしろ問うべきであろう。

生き残るということ

戦争体験のような、死に触れた体験が精神に与えた傷を「トラウマ」と呼ぶことはできる。しかし、それ以上に、そうした体験を生き延びた現在を「トラウマ」は伝えようとしているのではないだろうか（カルース『トラウマ・歴史・物語』）。繰り返し襲ってくる記憶と格闘しつつ、死に飲み込まれた者の時間に留まろうとしながら現在を生きようとするがゆえに、生き残りたちは沈黙し、語るのかもしれない。それが、いかに絶望的な行為であったとしても。戦争で死んだ者にトラウマはない。「トラウマ」とは、死者がいったあとに生き「残った」いまを証言する言葉なのである。

（直野章子）

体験の記述を読み解く

川村湊、成田龍一、上野千鶴子、奥泉光、イ・ヨンスク、井上ひさし、高橋源一郎『戦争はどのように語られてきたか』朝日新聞社・一九九九年〔朝日文庫〕川村湊、成田龍一、上野千鶴子、奥泉光、イ・ヨンスク、井上ひさし、高橋源一郎、古処誠二『戦争文学を読む』・二〇〇八年
開高健『紙の中の戦争』岩波書店・一九九六年

「語り」、「記述」への注目

社会的現実は、私たちの言語的営為によって構築されたものであるという考えが、日本では一九九〇年代以降急速に浸透し、現在では記憶研究と結びついて人文系の学問のなかで見過ごすことのできない方法論となった。いわゆる言語論的転回は、これまで広く共有されてきた支配的な「語り」や「記述」の自明性に疑義を呈し、その構築過程に人々の目を向けさせた。

この新たな方法は、戦争体験に関する研究についても有効に機能する。戦争文学は、戦争体験を持つ作家によるものが多かったが、直接体験を持たない場合でも、作家たちは様々な体験記や戦記に取材して戦争を書いてきた。その意味で、あらゆる戦争文学は、執筆の時点から過去を想起しつつ、体験記などの先行テクストを再編成することによって生まれた戦争の「語り」であると言えるのである。

文学作品から浮かび上がる戦争観の変容

文学という言語記述の制度のもとで戦争に関する情報はどのように編成されてきたのか？　その「語り」を現代から通時的に見渡したとき、そこにどのような変容を見出すことができるのか？　そして「語り」の変容には如何なる社会的要因が作用していたのか？　この問題意識に立った研究者や作家たちの対話の記録が『戦争はどのように語られてきたか』である。

著者の一人、成田龍一の概観によれば戦後日本の戦争観は一九六〇年代後半に転機をむかえる。それまで支配的だったのは、「『被害者』われわれが、被害者『われわれ』自身に向ける語り」であった。しかし、ベトナム戦争を経て戦争の語りに二つの変化が起こった。

一つ目の変化は、戦争が勝敗や善悪といった二元論では語りきれないという自覚である。例えば大岡昇平の『レイテ戦記』は、将校から一兵卒にいたるまで、様々な手記や戦史、証言をすり合わせて書かれている。小説内の記述では、主語を日本軍側に固定するのではなく、日米双方の立場から戦況を書くことで単一の語りを回避し、勝敗や善悪といった価値を相対化しているのである。ただし、大岡の『レイテ戦記』は、加害者としての日本という位相が欠けていた。戦場に住んでいたフィリピン人への視座、あるいは女性に対する視座が欠落していたのである。その欠落が照らし出すのが戦争の「語り」における二つ目の変化だ。「加害者」である「われわれ」を念頭に置いた「語り」への変化である。

このような六〇年代後半の転機を経て、九〇年代に入って新たな「語り」が登場する。そこではこれまで自明視されてきた「国民」という主体が相対化され、誰が誰に向って戦争を語るのかという関係性に重きが置かれるようになった。

偏在する戦争

一口に戦争といっても、その意味するところは一つではない。従軍体験にしたところで、後方から最前線までは様々な体験があった。軍隊内での階級や戦場の場所によっても体験は異なるだろう。銃後の空襲体験にしても同様である。人の数だけ体験があるという当然のことを、私たちはしばしば忘れがちである。加えて言うなら、現代の私たちが戦争という語から想起するのは、「先の大戦」、つまりアジア・太平洋戦争であって、日清戦争や日露戦争、さらにそれ以前の戦争はほとんど顧みられることがない。

その点で、戦国時代からアジア・太平洋戦争に至るまで様々な戦争文学を広く取り上げ、作者自身の個人的体験を織り交ぜながら、戦場の悲惨とそこで人間が見せる底抜けの明るさとを縦横無尽に語ってみせた開高健『紙の中の戦争』は示唆に富んでいる。開高は「トロイ戦争はどこにあるか。太平洋戦争はどこにあるか。ごらん。いまや紙の中にしかないではありませんか。」（二三八頁）として戦争文学を解説しているが、戦後日本は映画、TV、記念碑、博物館などあらゆるメディアの中に戦争を忍び込ませてきた。現代においても、9・11以降のイラク戦争や「テロとの戦い」の際のメディア言説、あるいはより間接的には震災復興を願う「がんばれニッポン」など、いたるところに戦争を想起させる同調圧力が埋め込まれている。開高に倣って言うならば、「ごらん。いまやあらゆる場所に戦争はあるではありませんか」ということになるのだろうか。戦争の社会学は極めて現代的な学問なのだ。

極限の戦場で問われる自我から、軍隊という不可思議な暴力の有機体まで、数知れぬ論点を内包する戦争文学は、現代の非体験者の私たちにこそ開かれている。

（山本昭宏）

戦争体験言説の戦後史

高橋三郎『「戦記もの」を読む――戦争体験と戦後日本社会』アカデミア出版会・一九八八年
成田龍一『「戦争経験」の戦後史――語られた体験／証言／記憶』岩波書店・二〇一〇年
與那覇潤『帝国の残影――兵士・小津安二郎の昭和史』NTT出版・二〇一一年

（追）体験と書くこと

「戦争」を「体験」する、とはいかなることなのだろう。戦時中に存命だった人々でも、前線か銃後か、いかなる地位か、等によって「体験」の質が異なるのは自明である。一方、戦後に生まれ、直接には戦争を「体験」しえなかった世代であっても、社会に溢れる膨大な「戦争体験言説」の中では、なんらかの形で戦争を「追体験」せずに済ませることは難しい。

高橋三郎『「戦記もの」を読む』は、この「追体験としての戦争体験」の全体像の把握に、初めて本格的に取り組んだ著作である。一九四五年の敗戦は昭和二〇年に当たるが、戦後日本における戦争体験記の出版は、以降一〇年ごとのサイクルで潮流が変化してきたという。占領下の暴露・告発調に始まり、傍流軍人や「学徒兵」の立場で高級軍人を非難するという類型を作った昭和二〇年代。高度成長下で新聞や映画などマスカルチャーと融合しつつ、「遺族」を主たる読者に想定するがゆえに、生き残って豊かな生活を手にしたという後ろめたさや、過度に悲惨な体験を語ることへのタブー意識を滲ませた三〇年代。戦争非体験者が過去を探る「ノンフィクション・スタイル」が定着し内容が緻密になる一方、体験者の手記ならではの生々しさや凄みは退潮し、「原爆」「沖縄」「空襲」等のサブジャンルが確立する四〇年代。自費出版市場の整備に加え、体験者の執筆動機が告発や贖罪から「記録を残す」ことへと移行し、タブーが解除され淡々とした叙述が定着した五〇年代。

出版物としての「戦記もの」の特徴は、刊行する主体が資本以外の論理によって形成される事例も多いことだ。戦友会から市民運動まで、「書く」ために集うこと自体が戦争をいわば「再体験」し、物語の共有を通じて共同体を作ってゆく営みだったとの指摘は鋭い。

一九七〇年という転機

成田龍一『「戦争経験」の戦後史』は、著者の二〇〇一年の書物の題名たる『〈歴史〉はいかに語られるか』という主題についての、思考の集大成である。前著で一九三〇年代、ルポルタージュや生活綴方の文体が喚起する「現場」を再現することへの欲望が、日中戦争への動員をも支えてゆく構造を描いた成田は、本書でも戦時中の起源にまで遡って、「戦争体験」を扱う語りの様式の変遷を追跡する。狭義の体験記のみでなく、歴史小説・映画や歴史学界の潮流をも視野に入れ、また高橋の著作の刊行後、一九九〇年代以降に展開した「記憶」の政治までを検討している。

高橋が昭和四〇年代に見出した転換を、成田は書き手と読み手の間に「体験」の共有を想定しえた時代の終焉に伴った、戦争を知らない世代に対して体験者が「証言」するという、新しい語りのモードへの移行として把握する。重要なのは、一九九〇年代以降に争点となる「加害責任」や「植民地」、「女性」

等のトピックスが、日韓基本条約（一九六五年）と沖縄返還（一九七二年）に挟まれ、戦時中の「少国民」世代が歴史問題に取り組み出す一九七〇年前後から主題化され始めていた、という考察である。いわゆる「六八年革命」の世代間抗争が、年長者に対する道徳的優位を得るための戦略もあって、これらの問題系を浮上させたという近年の研究動向とも、合わせて注目されよう。

「語らない」という選択肢

その一九七〇年前後に「日本」の象徴として神話化された、一人の日中戦争従軍者がいた。映画監督・小津安二郎（一九〇三〜六三）である。拙著『帝国の残影』は、直接の戦闘描写は一切含まないながら常に「戦争」に密かに言及してきた戦後小津の家族映画を、いわば「語らない」ことを通して語る、という「証言」のあり方として読み解く。公開時の映画評との対照を通じて明らかになるのは、小津作品が「日本」という単位での戦争体験の共有を語る時に最も高く評価され、逆に帝国や植民地でのその破綻を示唆する際に「失敗作」のラベルを貼られてきたという事実である。

なぜ小津は体験者でありながら、直截な戦場の描写を避けたのか。実は戦時下において既に、映画作家たちは戦争の「表象不可能性」を議論していた。戦意高揚と癒着した当時の「前線」の安易な再現欲求と同様、戦後もまたいたずらな「現実暴露」を戒めた小津の美学は、丸山眞男の肉体主義批判にも相通じ、一方で彼の中に色濃く残る男性中心の目線は、林芙美子の『浮雲』によって相対化される。

私たちはいったい何を主語として「戦争体験」を語るべきか、いやそもそも語るべきなのか否か、答えのない問いを抱えたまま、「戦後」は終わらずに続いてゆく。

（與那覇潤）

戦争観の変容

吉田裕『日本人の戦争観――戦後史のなかの変容』岩波書店・一九九五年〔岩波現代文庫〕二〇〇五年
油井大三郎『日米　戦争観の相剋――摩擦の深層心理』岩波書店・一九九五年〔岩波現代文庫〕『なぜ戦争観は衝突するか――日本とアメリカ』二〇〇七年

戦争観という問題系

戦後日本の歴史学――その主潮流をなす「戦後歴史学」は、政治や経済に主力を置き、歴史的考察を行ってきた。こうした歴史学における、アジア・太平洋戦争の歴史的研究は、もっぱら戦争像の再構成に力が傾けられて来た。しかもそこでの力点は、外交と国際関係にあった。人びとの体験や実感という論点は、少なからず距離があり、なかなか問題にされにくいという状況にあるうえ、戦争像が推移するという認識も持たれにくかった。戦争体験を固定化し、風化させないということが、「戦後歴史学」における戦争研究の根幹にあった。

そのため、「戦争観」という問題系を前面に押し出すことは、これまでの戦争研究―戦争認識への挑戦であり、あらたな領域の開拓であり、方法の採用であるという意味を持つ。ともに、一九九五年に岩波書店から刊行された、吉田裕『日本人の戦争観』、および油井大三郎『日米　戦争観の相剋』は、この実践の書である。

吉田（一九五四年〜）は日本現代史、油井（一九四五年〜）はアメリカ現代史、日米関係史を専攻するが、ともに戦後生まれの歴史家として「戦後歴史学」の中軸を担い、模範的に戦争の歴史的研究を遂行してきた。しかし、「戦後歴史学」が方法的、認識的に問われ、「現代歴史学」が模索されるなか、「戦争観」を検討し検証する著作を著すにいたったのである。背後には、以下にあげるように、状況的な事柄を軸とする複合的な理由、なかんずく、「記憶」と「冷戦体制」にかかわる事態がある。

一九九五年という画期

戦争観の浮上には、一九九五年という年が、おおきな意味を有している。敗戦から半世紀—五〇年を経たということであり、一九九〇年前後の冷戦体制の崩壊の影響が、かつてのアジア・太平洋戦争の戦争認識にも及んできたということである。戦争の記憶、およびその相互の関連——それぞれの「国民」のあいだでの戦争体験の関係性が、その差異も含めて問題化されるようになったということである。その課題に接近するため、戦争の再構成—戦争像という方法ではなく、戦争観とその相克、あるいは戦争観の推移という方法が採用されることとなった。

このとき、吉田は、時系列による把握を行い、戦争観の推移を見ていく。占領期から、ほぼ一〇年ごとに戦争観をたどるが、「太平洋戦争史観」の成立、そしてそこから生み出される、対外的には「必要最小限度の戦争責任」を認めつつ、国内においては「事実上」それを否定する「ダブル・スタンダード」をいう。

そして戦争体験の「風化」「変容」を経て、その「ダブル・スタンダード」の動揺を言う。政治家の発言を視ることとあわせ「国民意識のレベル」「国民の歴史意識」に着目するが、吉田の議論の特徴は、なんといっても、戦争観を抽出するための多様な素材への目配りであろう。戦記や雑誌『丸』、『今日の話題　戦記版』などはむろんのこと、少年雑誌における戦記マンガやＳＦ戦記などにも言及していく。また、世論調査を分析の要に用いるのも、吉田の議論の特徴である。

他方、油井は、国際関係の変容に基づく歴史認識・国際認識の推移に反応し、『歴史』と『記憶』」に着目する。「公的記憶」とナショナリズムの関係に触れ、日本とアメリカのあいだの戦争の記憶をめぐる「ナショナルな壁」を指摘し、その解明を課題として設定する。アメリカにとっての第二次世界大戦、そしてベトナム戦争の意味を探り、そこから「よい戦争観」の形成と、「正戦意識」の揺らぎを見いだし、そのうえで日本―アメリカのあいだの「記憶の相克」を論じていった。油井は「人種」「文明」の概念にも踏み込み、日本とアメリカの双方がもつ「『帝国的』性格」にも切り込んでいった。

こうして、「国民意識」「歴史意識」に分け入り、動態的な戦争にかかわる考察がなされることになる。興味深いのは、吉田も油井も、二〇〇〇年代半ば以降に文庫化されるに当たり、増補や書き換えを行っていることである。とくに油井は、大幅な入れ替えと組み替えを行い、「9・11と『対テロ戦争』下の日米ギャップ」をはじめとする章を書きおろすほか、旧版の文章に加筆をしている。旧版とは、構成を含め大きく手が入れられ、別著のような呈を見せ、タイトルも『日米　戦争観の相剋』から、上記のように変更された。

戦争観という視座にたち、動態的に戦争を把握する方法は、自らの見解すらもそのなかに置き、状況の変化とともに書きあらためることとなるのである。

（成田龍一）

戦後思想と戦争体験

小熊英二『〈民主〉と〈愛国〉――戦後日本のナショナリズムと公共性』新曜社・二〇〇二年
大門正克編『昭和史論争を問う――歴史を叙述することの可能性』日本経済評論社・二〇〇六年

「戦後」はいつからか

人々は気安く「戦後」を口にする。「戦後日本の行き詰まり」、「戦後民主主義の限界」などと。しかし、その「戦後」は本当に一九四五年の終戦によって始まったものなのか？――「戦後思想」を概観する大著として話題を呼んだ小熊英二『〈民主〉と〈愛国〉』は、まずそう問いかける。

小熊が提唱するのは、一九四五～五四年を「第一の戦後」とし、五五年以降を「第二の戦後」とする新たな時代区分だ。たとえば一般に「戦後政治」の象徴として想像される自由民主党が結成されたのも、一人当たりＧＮＰが戦前並みを回復し「豊かな戦後日本」が生まれたのも、ともに一九五五年のことである。

つまり、私たちが普段「戦後」という言葉で漠然と連想しているのは、実際には四五年以降の十年間を除いた「第二の戦後」の方にすぎない。逆にいうと、五五年以前の「第一の戦後」には、いわゆる「戦後」とはあらゆる意味で真逆の、パラレルワールドとすらいうべき世界が広がっており、そしてそこにこそ、単純化された「戦後の限界」論を超える戦争体験の継承可能性が埋もれている、というのが小熊の立場である。

すべてが逆の世界

「第一の戦後」において知識人に圧倒的な影響力を持ったのは共産党であり、戦前には彼らだけが行ってきた（ものとして語られた）「軍国主義者との戦い」を、全国民大に拡張することが、戦後の使命だとされた。米国主導の再軍備政策への反発も手伝って、この時代、愛国心や民族主義は左翼陣営の側が高唱する大義であり、そのようにナショナルな単位で「政治的な正しさ」を共有しようとする発想に対して、「個人の自由」を対置する思想家は「オールド・リベラル」と見なされ、むしろ保守論壇の起源となった。福田恆存ら、文藝批評出身の戦後保守を生んだ所以である。

換言すれば、革新の側が天皇制の残存や（帝国主義の淵源とされた）資本主義体制への従属に「戦前」の継続を見たのに対し、保守の側はファシズムと共産主義に共通する「全体主義」や過剰な政治化傾向にこそ、「戦前」との同質性を感じ取ったのである。丸山眞男ら戦後リベラルの実践は、両者の真摯な部分をつなぐことで「戦前への回帰」を阻止する試みであり、六〇年安保はその集大成だった。

この構図を反転させ、「愛国心」を保守派の占有物にしてゆく契機を、小熊は五五年体制の成立による革新陣営の国政掌握の可能性消滅と、以降の保守政権の教育攻勢に求める。だが視野を東アジア大に広げるなら、五〇年代前半の朝鮮戦争に起因する冷戦下の反共レジーム形成――日本国内にも共産党の暴走と失墜、社民政党と中道政党の乖離（その帰結が保守合同）をもたらした――の一環としても、把握する必要があろう。

「体験」と歴史のあいだ

この「戦後」の分水嶺にあたる一九五五年に初版、五九年に新版が出て、当時ベストセラーとなった岩波新書『昭和史』をめぐる同時代の言説から、縮図のような形でよりミクロに時代の構図を浮き彫りにしたのが、大門正克編『昭和史論争を問う』である。遠山茂樹らマルクス主義歴史家の手になり、共産党のみを英雄史する徹底した階級闘争史観に立った旧版は、政治勢力の多元性を重視する篠原一らリベラル政治学者の批判を受けて新版では大きく改訂され、六〇年安保の体験以降、歴史叙述の主体を「階級」から「民衆」へと旋回させる先駆けになった。

一方、日本浪漫派ながら戦後は竹内好の影響で再転向した亀井勝一郎が加えた、悪しき客観主義を排して「人間」を描くべきだとする批判は、戦前の最初の転向時、美的ナショナリズムに依拠してプロレタリア文学を離脱した経験の反復だった。もっとも、遠山らも初版では戦争への抵抗をパセティックな文体で描写しており、新版に際して事実の叙述に徹する形に改めたのは、サークル運動のような形で集う読者の側にこそ、体験や感情を語る機会を委ねたいという自覚に基づいていた。実際に鶴見和子らの呼びかけで始まった生活記録運動や教育現場の実践は、戦争体験のジェンダー差のような、アカデミズムが当時まだ無自覚だった問題系の発見につながってゆく。

戦争という国民的ないし世界的なレベルで「共有」された出来事の内部にひそむ、個人や立場によって異なる経験の位相を、いかに掬い取って「歴史」として語ってゆくか。かような問いもまた、「第二の戦後」の離陸とともに浮上していたのである。

（與那覇潤）

戦争体験の継承と断絶

浜日出夫編『戦後日本における市民意識の形成——戦争体験の世代間継承』慶應義塾大学出版会・二〇〇八年
桜井厚・山田富秋・藤井泰編『過去を忘れない——語り継ぐ経験の社会学』せりか書房・二〇〇八年
関沢まゆみ編『戦争記憶論——忘却、変容そして継承』昭和堂・二〇一〇年

戦争体験の世代間継承

近年、戦争体験に関して、体験の風化と「記憶ブーム」(『戦争記憶論』ベン‐アリ論文)という一見相反する現象が同時進行しているように見える。戦争体験の風化はいうまでもなく戦争を直接体験した世代の減少によるものである。他方、記憶ブームの背景には、記憶を、体験者自身による体験の個人的な再生ととらえず、非体験者も含めて現在の視点から過去を再構成する集合的な実践ととらえる、構築主義的な記憶のとらえ方がある。そして、体験の風化と記憶ブームの接点で生じているのが「戦争体験の世代間継承」という現象である。

ベン‐ゼーヴらによれば「戦争は世代の単位を形成する中心的な事象である」(『戦争記憶論』八〇頁)。イスラエルやアメリカのように戦争を連続して戦い続けている社会では、世代の単位は異なる戦争によって形成されるが、アジア太平洋戦争以後、国家としては戦争を戦っていない日本では、世代はアジ

ア太平洋戦争を体験した世代とこれを体験していない世代に二分され、したがって世代間継承は戦争体験世代と戦争非体験世代の間で生じている。

継承のメディア

黒澤明監督の『八月の狂詩曲』（一九九一年）には印象深いシーンがある。長崎の原爆で夫を亡くした祖母を友人が訪ねてくる。ふたりはなにもしゃべらないまま一時間以上も向かい合って座っている。不思議に思った孫が祖母に尋ねる。「今日来たおばあさん何しに来たの。」「話ばしに来たと。」「だって話なんかしなかったじゃん。」「黙っとってもわかる話もある。」その友人も祖母と同じように原爆で夫を亡くしたのだという。ここには体験者同士のコミュニケーションの極限的な形が描かれている。

体験者と非体験者のコミュニケーションはこれとは異なる。非体験者が体験者と共通の体験を持たない以上、非体験者はなんらかのメディアを介して体験者の体験に近づくしかない。非体験者は、語り（『過去を忘れない』所収論文）、体験記（『戦後日本における市民意識の形成』野上元論文）、小説（『戦後日本における市民意識の形成』鈴木智之論文）、マンガ（『戦後日本における市民意識の形成』ナカル論文）、戦跡（『戦争記憶論』一ノ瀬俊也論文）、写真（『戦争記憶論』ルッケン論文）、歌（『戦争記憶論』ロバーソン論文）など、さまざまなメディアを通して間接的に体験者の体験に接近する。

継承の困難と可能性

体験の継承を体験者の体験の忠実な再生ととらえる限り、メディアを介して間接的に体験者の体験に近づくしかない非体験者による体験の継承には乗り越えがたい困難がある。実は体験者自身にとってさえ自分の体験の忠実な再生は困難である。非体験世代である研究者はインタビュー対象者である体験者の「若いあなたにはどうせわかってはもらえんでしょうがね」(『戦後日本における市民意識の形成』、五四頁)、「これはわからないでしょう。あなた方には」(『戦後日本における市民意識の形成』、一六九頁)といった言葉と出会うことになる。

しかし、体験の継承を、体験者と非体験者が共同で過去を再構成する実践としてとらえるとき、「世代継承性（ジェネラティヴィティ）」(『過去を忘れない』小林多寿子論文）の可能性もまた生まれる。第二次世界大戦中に強制収容所に収容された体験を持つ日系アメリカ人と自らはそれを体験していない三世・四世がともに収容所跡地を訪ねる「ミニドカ・ピルグリメージ」(『過去を忘れない』小林多寿子論文）や、戦前多数の満洲移民を送出した下伊那の人びとが移民体験者から体験を聞き取りそれによって体験者とともに地域の歴史をとらえ直そうとしている「満蒙開拓を語りつぐ会」(『戦後日本における市民意識の形成』蘭信三論文）は、そのような世代を超えた体験の継承の例である。

（浜日出夫）

メディアの機能と語りの位相差

福間良明『「反戦」のメディア史──戦後日本における世論と輿論の拮抗』世界思想社・二〇〇六年
福間良明『殉国と反逆──「特攻」の語りの戦後史（越境する近代3）』青弓社・二〇〇七年

「戦争の語り」の捩じれ

ポピュラー・カルチャーのなかで、戦争は多く描かれてきた。だが、それらは、いかなる社会背景のもとで生み出され、どう受容されたのか。福間良明『「反戦」のメディア史』は、映画や戦記に焦点を当てながら、これらの問題について検証している。とはいえ、戦争映画や戦記総体としての動向把握が目指されているわけではない。「沖縄戦」「原爆」「学徒出陣」「前線／銃後」等々、いかなる「戦争」が語られるかによって、議論や受容の磁場はどう異なっていたのか。それが、同書のテーマである。

たとえば、映画『きけ、わだつみの声』（一九五〇年）は、戦争批判・軍部批判の姿勢が観衆の共感を誘い、大ヒットを記録した。それに対し、同年の原爆映画『長崎の鐘』は、同じく良好な興業成績をあげたものの、戦争批判・原爆批判のトーンは抑制された。原作となった永井隆（クリスチャンの長崎医大教授）の同名エッセイ（一九四九年刊）もベストセラーを記録したが、そこでは原爆投下を指弾するというよりはむしろ、「神の摂理」として位置づけられていた。GHQ占領下にあった当時、国家主義や米軍批判、原爆への言及は抑え込まれた。そのことが、一方では、戦没学徒の悲哀に仮託する戦争批判につながり、原爆を語る際には、批判が抑制され、親子愛や信仰といった情が強調されることとなった。

こうした捩じれは何も、占領期に限らない。数度にわたり映画化された映画『ひめゆりの塔』『二十四の瞳』『ビルマの竪琴』が、占領終結、六〇年安保、エンタープライズ寄港問題、教科書論争等を経て、どのように評価を変えたのか。それらを通じて、戦争の語りをめぐる同時代の位相差と変容過程が浮き彫りにされる。

「メディア」の力学

これらを考えるうえで重要なのは、メディアの問題である。『二十四の瞳』や『ビルマの竪琴』は当初、児童文学として発表されたが、映画化されることで「大人」の受容を促し、新潮文庫に収められることで、読み継がれるべき「現代の古典」となった。大学生の遺稿集である『きけわだつみのこえ』(一九四九年)にしても、一九八二年に岩波文庫に収められることで、「いやしくも万人の必読すべき古典的価値ある書」(岩波茂雄「読書子に寄す」)へと変換された。

「特攻もの」にも特異な受容のされ方が見られた。福間良明『殉国と反逆』は、「特攻」の遺稿集・映画史を検証しているが、その中で「特攻の任侠化」にふれている。一九六〇年代後半、東映で多くの特攻映画が制作されたが、主要キャストは高倉健・鶴田浩二ら、任侠映画の看板俳優だった。これは何も偶然ではない。制作者いわく、「受けに受けまくっている任侠映画とは別に、何か違うたことをやろうとしたわけではな」かった(一〇八頁)。

そのことは、若い世代を引き付けることにつながった。任侠映画は、大学紛争の渦中にあった学生層に広く観られた。「弱者」が連帯して、「強者」に殴り込むところに、彼らの置かれた状況とのアナロジーが見出されていたわけだが、その延長で、特攻映画も受け入れられるところとなった。当時、「戦争体験の断絶」が顕在化し、若者たちの戦中派世代批判が際立っていた。そうしたなか、「任侠化」された特攻映画は、若い世代の観衆を生むことにつながったのである。

世論と輿論

世論と輿論の弁別も重要である。佐藤卓己『輿論と世論』も指摘するように、理性や論理に基づく輿論 public opinion と、大衆的な感情に根差した世論 popular sentiments は、かつて理念的に区別されていた。『「反戦」のメディア史』でも、映画や戦記をめぐる評価が、世論と輿論、いずれに軸足を置くものであったのかについて、考察されている。先述の『きけ、わだつみの声』『長崎の鐘』について言えば、前者は輿論の次元で、後者は世論の次元で受容されたことになる。

だが、同書は、「心情＝世論」の次元で戦争を語ることを否認するわけではない。恥辱・悔恨が入り組んだ語り難い心情に固執することは、ときに、戦争を快い叙情やわかりやすい政治主義に回収することへの拒否につながった。体験の心情にこだわることを説いた安田武は、その延長で靖国神社国家護持など、死者の「顕彰」の動きを批判した。『ひめゆりの塔』の原作者・仲宗根政善は、自らの沖縄戦体験をふまえながら、「感動」を伴った「ひめゆり」表象への違和感を吐露する一方、米軍基地が集約された戦後沖縄の状況やベトナム戦争への日本の関与を批判した。そこでは世論を掘り下げる先に輿論が構想されていたのである。

（福間良明）

戦争遺跡と文化遺産

荻野昌弘編『文化遺産の社会学——ルーヴル美術館から原爆ドームまで』新曜社・二〇〇二年
本康宏史『軍都の慰霊空間——国民統合と戦死者たち』吉川弘文館・二〇〇二年

「語り部」としての戦争遺跡

一九九〇年代以降、「戦争遺跡」の調査・保存が急速に展開した。「戦後五〇年」を迎えた同時期からは、文献資料からはこぼれ落ちてしまう個々の戦争経験者たちのオーラルヒストリーの記録保存も進められた一方で、当の経験者らの高齢化も現実問題となりつつあった。こうしたなか、戦争経験者たちの証言を補完し、その経験を次の世代へと語り継いでいくための手段として、戦争遺跡の重要性が高まってきた。

だが一口に戦争遺跡といっても、その用語で示される対象は様々である。師団司令部などの政治・行政関係施設、要塞や砲台などの軍事施設、軍需工場などの生産施設、戦闘の跡地、防空壕、陸海軍墓地や戦死者の記念碑など、その内容は多岐にわたる。

ここで問題となるのは、何を戦争遺跡とみなし、そこから何を語るのかということである。近年多くの戦争遺跡関連書籍を刊行している「戦争遺跡保存全国ネットワーク」は、軍事施設や軍需工場、戦跡など幅広い対象を紹介しているが、それらを「負の遺産」と位置づけている点が特徴的である。この語義矛盾のような概念からは、「戦争の時代」への反省という明確な意思と価値判断が読み取れる。

慰霊と顕彰のあいだ

ところが、こうした「戦争の時代」への反省という文脈だけでは説明できない「戦争遺跡」も存在する。たとえば陸海軍墓地や戦死者の記念碑・顕彰碑などがそれである。それらは反省というよりも、むしろ積極的に戦争への参加を奨励するような文脈のなかで造られ、維持保存されてきたという性質を持つからである。

本康宏史『軍都の慰霊空間』が注目するのは、まさにこうした対象である。本書では、旧陸軍の師団司令部が置かれた「軍都」金沢の、陸軍墓地や招魂社といった「慰霊空間」について、それらがいかなる社会的文脈のなかで組織されてきたのかが検討されている。

金沢の招魂社は一八七二年、戦死者の慰霊のために郊外の卯辰山中腹に創建された。そもそも卯辰山は庚申信仰や蓮如忌などの民間信仰と結びついた宗教的空間であった。そのため、招魂社も当初はあくまで戦没者や殉難者に対する藩・県や遺族による慰霊という性質が強いものだったという。だが一八七七年に招魂社が国家の管理に移って以降、「慰霊空間」は徐々にその性質を変えていく。もともとこの招魂社では招魂祭という行事が行なわれていたが、日清戦争後には、この行事が市街地中心部、兼六園内の「明治紀念之標」（一八八二年に西南戦争戦没者を記念するために建造された、日本武尊をモチーフとした銅像）前でも行なわれるようになる。さらに一九二二年には、地元の師団や連隊の主導のもと、招魂社そのものが陸軍師団の管轄下にある出羽町練兵場に移転改築され、「石川護国神社」と改称される。こうして、民間信仰に基づく「慰霊空間」は、死者を「英霊」として顕彰し、国家の戦争遂行へ向けて民衆意識を統合していく「顕彰空間」へと再編成されていったのである。

戦争遺跡の文化遺産化がはらむ問題

このように、「戦争遺跡」として何に注目するか、それによって何を語るかはきわめて政治的な問題だが、この問題がさらに突き詰められるのが、「戦争遺跡の文化遺産化」という場面である。文化遺産という制度は、モノの形状だけでなく、それがもつ価値や意味もまた「保存」しようとする。荻野昌弘が『文化遺産の社会学』のなかで指摘しているのは、この保存という契機が、保存されるものに関係する出来事を脱文脈化し、その意味を普遍化・一般化することによって、「無臭で透明な空間秩序」を築いてしまうということである。

文化遺産化された戦争遺跡＝「戦争遺産」もまた、戦争による死や暴力に関わる個々の経験・記憶に、何らかの一般化された意味を与えようとするものである。近代国民国家による大規模な戦争は、大量の死や暴力を生み出したが、文化遺産という制度はそれらの多様な体験を一般化された「集合的記憶」へと昇華する。だが個々の死や暴力に関する経験・感情は、こうした一般化された意味のなかに必ずしも収まりきらず、固有の生々しさをはらんでしまう。何を「戦争遺跡」あるいは「戦争遺産」とみなし、そこから何を語るのか、といった問題は、こうした国家の戦争への反省、あるいは死者の慰霊／顕彰といった様々なモーメントがせめぎあう場としてあらわれているのである。

（木村至聖）

戦争博物館・平和祈念館の社会学

歴史教育者協議会編『増補版　平和博物館・戦争資料館ガイドブック』青木書店・二〇〇四年

公立歴史博物館における戦争展示

その多くが財政難にある現在、別途実態調査が必要だが、多くの自治体が、公立の歴史博物館や歴史民俗博物館を運営していた。自然史的な年代、考古学的な時代から近現代まで、各時代の文化遺産を中心に、ジオラマやパネルも利用しつつ、各地域の歴史が展示される。国の歴史を意識しつつも、より身近な「地域の歴史」を示すものとして、各種の校外学習や家族連れなどに利用されてきた。

近現代では、「戦争」や「戦時中の暮らし」が必ず設けられる重要なコーナーとなっており、「戦災」は特に重要なテーマとなる。というのも、そうした公立の歴史博物館では、強調されるべき各地域の「個別性」が、なによりも戦災（空襲）によって示されるからだ。それは米軍の戦略爆撃が、公立の歴史博物館を運営できるくらいの規模の都市（特に、ほぼすべての県庁所在地）を、全国にわたり空襲し尽くしたということでもある。それぞれの地方都市空襲が、いわば「地域の戦争」として示される。

国土の広がりと重なったことで、戦災は、訪問者に、「かつてこの地域にも戦争があった」という実感を与え、授業で学んだ歴史を「私たちの地域の歴史」として結びつける、公立歴史博物館における戦争史の共通フォーマットになっている。そのうえで、地域の限定性を越えることができれば、例えば戦争の被害だけでなく、加害の側面にも目を配った広い視野が開けることもあるだろう。

地域における戦争の表象

地域住民から寄贈された召集令状や慰問袋、国民服といった（それこそ総動員・総力戦の痕跡として）「日本中どこにでもあるもの」が展示される。一方で、その都市に連隊がかつて所在していれば、特色として、その戦史が語られることもある。地域に軍事施設が一部でも「遺跡」として残っていれば（例えばいくたびの保存運動を経て神奈川県横須賀市にある戦艦三笠など）、それが名所となることもある。

その一方で、国史の一部を形成するほどの有名性・固有性を獲得している戦跡が残る地域では、そのテーマに沿った博物館・資料館が設置される。特に、原爆の被害にあった広島や長崎、あるいは地上戦や米軍統治があった沖縄では、その政治的な重要性からも、比較的早くから平和祈念館や資料館の整備がなされた。そうした施設は、展示・啓蒙のためというだけでなく、資料収集や戦争・平和研究・学習の拠点としても重要なものであり、いわば平和を祈念し戦没者を慰霊する斎場に接する静かな書院にもなっている。広島や長崎が被爆した八月六日や九日の前後、沖縄の組織的戦闘が終結した六月二三日の前後には、日本中・世界中の人々が平和を祈るために集まり、街全体が「戦争の記憶」に包まれる。

あるいは、舞鶴（京都府）や浦頭（長崎県）の引揚記念館、大津島（山口県）の回天記念館などのように、強烈なテーマ性（「引き揚げ」「人間魚雷」）や関係者の熱意によって、比較的古くから戦争記念館や資料館が開設されるということもあった。

観光・まちづくりに採り入れられる「戦争」

舞鶴の引揚記念館には隣接して「岸壁の母」の歌碑がある。息子の復員を待つ「岸壁の母」はヒット歌謡曲となり（一九五四年・一九七二年）、映画にもなった（一九七六年）。あるいは「人間魚雷回天」も同様に映画となったが（一九五五年）、それら比較的古くからあった記念館は、平和や鎮魂への直接的な願いだけでなく、戦争体験をテーマとする大衆文化の広がりにも支えられていたといえる。

そして、どこを画期にするかは難しいけれども、それらの博物館・資料館は、次第に観光やまちづくりに組み込まれてゆく。例えば知覧（鹿児島県）では、知覧特攻平和会館および特攻平和観音を中心に、戦争末期の「特攻」を題材にした観光地化を進めている。この時期の知覧を舞台にした映画「ホタル」（二〇〇一年）の公開もあり、特攻隊員たちのひとときの憩いの場であったという富谷食堂が復元されて「ホタル館富谷食堂」となった。「特攻物産館」では「特攻まんじゅう」が売られている。

一方で、南九州のもう一つの特攻基地であった鹿屋でも、海上自衛隊の基地内に航空史料館があり、特攻の記憶を伝えている。けれども、この地域の軍事との関わりは現在もなお続いており、関係の深さゆえに、街ぐるみでそれを観光の対象とするような動きはないようだ。

「戦争の記憶」と地域の観光・まちづくりの関係の浅深は様々で、それこそ社会学的な探究の可能性であろう。すでに高齢にある体験者や関係者の訪問は今後期待できないのは確実で、観光資源あるいは地域アイデンティティの資源として利用してゆく道、総合学習や平和学習の場として利用してゆく道が、戦争の表象を体感する「記憶の場」である戦争博物館・平和祈念館に与えられている。

（野上元）

「被害」と「加害」の架橋

小田実『「難死」の思想』岩波書店・一九九一年〔岩波現代文庫〕二〇〇八年
川口隆行『原爆文学という問題領域』創言社・二〇〇八年〔増補版〕二〇一一年

「被害者意識」の限界

小田実は、六〇年代後半、ベトナム反戦運動（ベ平連運動）に参加するなかで、ベトナム戦争における日本の役割、自分自身の戦争への加担に思い至る。それは、アジア太平洋戦争の問い直しにも向かっていった。

『「難死」の思想』において、小田は、戦後日本における民主主義、平和主義が「強烈な被害者としての自覚」を基盤にしていること、空襲や原爆あるいは引き揚げの「被害」の語りにおいて、戦争の「加害」の語りが不在であることを指摘する。〝かわいそうな私たち〟といった意識から抜け出せない、被害者ナショナリズムとでもいうべき排他的な秩序形成と戦争の語りの癒着という事態。小田は、そのようなままでは人々に「殺すこと」を要請する「国家原理」を超えられないと考えたのである。

小田は、「自己の内なる加害者体験（あるいは、その可能性）を自覚し、それを他者の加害者体験と同様に、しつように告発して行く態度」（八二頁）の必要性を唱える。「被害」を語ることをやめよ、と主張したのではない。「被害」の体験を国民共同体内部に閉じ込めることが問題なのであり、「被害者体験を軸としてあり得たかも知れない他国民との連帯の可能性」（八五頁）を探り、国境によって分断された「被害」と「加害」の関係を組み換えることを可能とする、「普遍的原理」の獲得を試みようとしたのだ。一九八一年に発表した『ＨＩＲＯＳＨＩＭＡ』は、成功したかどうかはともかくとして、原爆体験をめぐる日本、アメリカ、アジアの「加害」と「被害」の錯綜をたどりなおすことで、原爆体験の普遍化を目指した文学的実践といってよい。

「被害」と「加害」の流動する記憶の場

小田の思想は、「加害者」としての日本を語り、「被害者」としてのアジアを語ればよい、といったことに主眼があるわけではない。形式的に「被害」と「加害」を分節して事が済むのではない。重要なのは、「私たちは、加害者と被害者がどこでどのようにして交錯し、葛藤し、混在し、あるいは、協力、共謀していたかを、自分の問題としてとらえなおす」（七一頁）ことにある。そうした不断の営みこそが、「被害」と「加害」の線引きを固定化させようとする国家や資本の論理に抗って、過去、現在、さらには未来の人や社会のありようを深く思考させるに違いない。

川口隆行『原爆文学という問題領域』（二〇〇八年）は、ポストコロニアル研究、ジェンダーやナショナリティの問題系を導入しつつ、「原爆文学」と呼ばれる文学・文化表象の読みなおしを通して、「被害」と「加害」の複雑な絡み合いを丁寧に記述しようと試みている。対象は、小説、詩、評論、さらにはマンガ、慰霊碑碑文といった多岐に渡るが、この本で議論の俎上に挙げられているすべての表現は、詩人であり評論家でもある、二人の卓越した文学者、石原吉郎と栗原貞子が発した問いによってふるいにかけられている。

石原は、みずからのシベリヤ強制収容所の経験から、一切の死者の経験を数量化する危うさを確認し、被害者の集団のなかですこしでも長く生きのびるために、ひとりの被害者が他の被害者になにをしたのか、と問う。それは『望郷と海』などで、「被害者」としての広島を語ることの暴力性を強調し、「告発」を断念しようとする姿勢となる。一方、戦後いち早くみずからの被爆体験を詩にしてきた栗原は、小田と同じくベトナム反戦運動の経験から、「加害者」としての広島に向き合いはじめる。栗原は『ヒロシマというとき』で、「加害者」の経験を組み込むことによって積極的に広島を語りなおそうとした。

あくまでも体験の個別性、共役不可能性に固執する石原に対して、栗原は原爆体験の普遍化、共有化を目指した。この点において、ふたりの姿勢は鋭く対峙するが、石原にせよ栗原にせよ「加害と被害が流動する記憶の場に全身全霊を傾けて繰り返し立ち戻ろう」と試みたのは（二二三頁）疑いえない。それこそが、「自己憐憫と他者への不寛容に満ちた閉鎖的な共同体」（五頁）を解体し、「被害」と「加害」を架橋するために、必要不可欠な行為なのではなかろうか。

（川口隆行）

「断絶」の錯綜と世代

福間良明『「戦争体験」の戦後史――世代・教養・イデオロギー』中公新書・二〇〇九年
福間良明『焦土の記憶――沖縄・広島・長崎に映る戦後』新曜社・二〇一一年

「断絶」の変容

戦争体験の断絶や風化はよく言われる。だが、それはいかに風化し、断絶してきたのか。そのことは意外にこれまで見落とされてきたのではないか。福間良明『「戦争体験」の戦後史』は、「断絶」の変容プロセスを検証している。

体験の断絶は、戦後の始まりとともに生じていた。一九四九年に戦没学徒遺稿集『きけわだつみのこえ』が出され、ベストセラー第四位の売れ行きを記録したが、年長知識人のなかには、それに批判的な者も少なくなかった。学徒兵世代（戦中派）は、戦時期に青春期を過ごしており、自由主義やマルクス主義への接触は限られていた。それだけに、大正期・昭和初期の教養主義をくぐった年長知識人にしてみれば、彼らの手記は教養の浅いものに映った。

一九五〇・六〇年代には、原水禁運動や安保闘争はじめ、さまざまな反戦運動が高揚した。だが、戦中派のなかには、違和感を抱くむきもあった。彼らは戦争体験が「反戦」の政治主義に絡めとられることを拒絶し、「体験の語り難さ」にこだわろうとした。しかし、その姿勢は、戦中派と若い世代との軋轢を生んだ。学生運動や反戦運動に熱心な若者たちにしてみれば、戦中派は自らの体験を振りかざし、年少者に語る資格を与えまいとしているように見えた。

そこには、体験と政治の齟齬を見ることができる。「平和への思いを新たにするために、戦争体験を語り継がなければならない」――こうしたフレーズはよく耳にするものではある。だが、体験と「平和」はつねに調和的だったわけではない。戦中派はしばしば、「反戦」「平和」の政治主義とは別個に体験を掘り下げようとし、若い世代は体験に拠らない「反戦」を考える傾向もあったのである。

そこには教養の問題も浮かび上がる。和辻哲郎は一九一六年のエッセイ「教養」のなかで、「世界には百度読み返しても読み足りないほどの傑作がある。そういう物の前にひざまずくことを覚えたまえ」と記している。教養主義には、古典の蓄積が厚い年長知識人への跪拝を強いる側面があった。これは、戦中派の戦争の語りにも通じていた。かつて年長知識人に「教養の欠如」を蔑まれた彼らの議論は、若い世代にとって、跪くことを強いる「戦争体験という教養」に見えたのである。

共時的な差異

断絶は世代差や時代変化のなかで生じただけではない。同時代でも、いかなる体験を語るかによって、幾多の捩じれが見られた。福間良明『焦土の記憶』は、そうした共時的な位相差を分析している。

沖縄戦記の発刊は、一九六〇年代後半までは振るわなかった。ところが、それ以降になると急激な伸びを見せる。そこにあったのは、本土復帰をめぐる不快感であった。一九六〇年代の沖縄では、米軍統治の圧政から逃れるべく、復帰運動が隆盛していた。だが、その願望が現実味を帯びるなかで明らかになったのは、広大な米軍基地を残したまま沖縄返還を実現させようとする日本の姿勢であった。そこから、戦後日本と沖縄の関係性を問いただすべく、その起点として沖縄戦体験の掘り起こしが進められた。沖縄戦記の伸びは、本土への批判に根差していたのである。

しかも、それを多く担ったのは、戦場体験を持たない若い知識人たちだった。これは日本本土の動向とは異なっていたが、そこには、「祖国復帰」に熱心なゆえに、戦争体験の検証を通じて日本と沖縄の関係を問うことを避けてきた年長世代への批判も込められていた。

広島や長崎でも、特異な言説力学が見られた。日本ではGHQの占領終結と第五福竜丸事件を契機に、被爆体験記の刊行が増加し、原水爆禁止運動も隆盛した。だが、被爆体験者のなかには「あんなむごたらしい地獄絵図なんか、もはや見たくも聞きたくもない」という思いを抱く者も少なくなかった。他方で、それを「体験のいたましさのために、新たな創造へ出発出来なかった被爆者の後進的な排他性閉鎖性」として批判し、体験者が率先して原水爆禁止運動に取り組むべきことを主張するむきもあった。後者はたしかに「政治的に正しい」ものではあった。しかし、それは、ときに心理的な逃避に走らざるを得ない当事者の苦悶を押さえつける危うさを帯びていた。

沖縄戦体験や被爆体験に関する文献は多く出されてきた。しかし、沖縄・広島・長崎における体験論はいかに変容したのか。そこにどのような固有の力学が作動していたのか。その点を実証的に検証した研究はじつは少ない。地方輿論史から逆照射される戦後日本のポリティクスを、本書から読み取ることができよう。「沖縄戦」「原爆」の思想史に関するブック・ガイドとしても、役立つのではないだろうか。

（福間良明）

コラム　伊藤計劃『虐殺器官』——「新しい戦争」と「ぼく」

二〇世紀の戦争に慣れた目で現代の「新しい戦争」を考えようとすると、すぐには了解しがたい落差がそこかしこに見出される。例えば、民族紛争や内戦における激しい暴力の噴出と、私たちの平和で安全で管理された「今―ここ」との落差、テクノロジーの粋を集めた高価で「スマートな」兵器と、憎悪や汚染物質を撒き散らす粗悪で「ダーティな」兵器との落差、様々なフィルターによって抑制されてはいるけれども、そうした戦場や紛争の現場で起こる残虐で無惨な表象と、サブカルチャーで自由に表現される「ポップな戦争」との落差など。そうした落差そのものに、考えるべき何かはないだろうか。

かつての日本の若者にとって、ベトナム戦争が他人ごとでなかったのは、（みえにくいとはいえ、それでもよく目を凝らせば）冷戦構造のなかでこの戦争に関するそれぞれの当事者性を見出せたからだったのだろう。「落差」のなかで、反戦平和運動がそのような世界中の若者たちを当事者意識で繋げたのだった。

こうしたアンバランスな戦争の〈現在〉を、設定として取り込んでいるのが、伊藤計劃のＳＦ小説『虐殺器官』（ハヤカワ文庫・二〇一〇年、初出は二〇〇七年）である。アメリカ軍の特殊部隊に所属する主人公の「ぼく」は、最新の装備と精鋭たる技能をもって「新しい戦争」に関わり、近未来の世界を横断してゆく。例えば、煽動された憎悪による虐殺や民族紛争、核不拡散の失敗（による都市の蒸発）、単なる傭兵部隊という以上の民間軍事会社、プロパガンダの民間委託、誘拐され安価な兵器に仕立て上げられた子ども兵士、個人情報のトレーサビリティとセキュリティの神話などが幅広く取材されており、作者は、本書の第四章で取りあげるような書物も数多く参照している可能性がある。

醒めた兵士の自己語りという、ある意味で戦争文学の伝統に則りながらも、新しいテクノロジーを条件とすることによって「存在の不安」に対する文学の保守的な解法に多少の揺さぶりをかけてみせるといったところも、このジャンルのお定まりで、物語のプロットと設定の関係も良好だ。

ただ、無茶な注文をすれば、アメリカ人の若者が主人公という設定には（人物造形その他を考えても）少し無理があるようにみえる。「ぼく」はむしろ現代の日本の若者にしかみえず、ある種のメタフィクションとしてエピローグに「……というゲームをやりました。」という一文を付け加えても不自然ではない。リクルートのために兵士の一人称視点のシューティング・ゲームを開発し配布しているのが他ならぬアメリカ軍ではあっても、「新しい戦争」の〈現在〉をめぐる「落差」を見据えるには、やはりこの国から考えた方がずっと有利かもしれないのだから。

（野上元）

第四章　戦争の〈現在〉——歴史の重みと不透明な未来

overview

この第四章「戦争の〈現在〉——歴史の重みと不透明な未来」では、前章までにみてきた総力戦下の社会やアジア太平洋戦争の体験の理解を前提に、これをさらに「冷戦」という二〇世紀後半の戦争の理解につなげ、さらに二一世紀の現在における「新しい戦争」の理解につなげようとしている。そうした課題をおいたとき、いかなる社会学的な探究が可能だろうか。

［総力戦の透明化］

確かに「冷戦」は奇妙な戦争であった。「東西」の大国同士は大量の核兵器と通常兵器を保有したまま、直接の戦火を交えない。代わりに東西両世界の境界にある小国はつねに緊張に包まれ、ときに激しい戦火を交えることになる。もちろん、大国の思惑によって小国が戦わされる代理戦争は、歴史を振り返れば決して珍しいものではない。けれども、数々の思惑が複雑に絡んでいる過去の戦争とは違い（例えば山上正太郎『第一次世界大戦』）、ここでは、対立はかなり単純化されて理解されている。そして対立の基軸をなすとされ、理解を単純にしてくれるのは、第二次世界大戦までは総力戦の一要素に過ぎなかった「思想戦」（自由主義vs社会主義）なのであった。

一方で、冷戦は、経済戦争（経済成長と同盟国の開発援助や経済的植民地化）という側面において分かりやすく総力戦を継続させている。ただ国力を争っているというだけでなく、そこでは、達成されつつある「豊かな社会」がお互いにとってのいわば「人質」にされるかたちで、核戦争への恐怖がかき立てられている。そして、相互確証破壊（核による飽和的な大規模先制攻撃を試みても、それを逃れた原子力潜水艦などが必ず核による報復攻撃を行う。つまり、先制しても先制されても確実に双方が滅亡するという状況）が完成したとき、恐怖による均衡が確立し、（少なくとも大国同士では）奇妙な「平和」が訪れる――。相互確証破壊による恐怖の均衡は、じつは敵の判断の合理性を相当強く信頼しなければ成立しないものなのだが、そうしたよく分からない状況が四〇年も続く……。

こうした骨格を持つ冷戦は、第一次・第二次世界大戦という二つの総力戦を受け継ぎつつ、それを融解させてゆくような戦争であったといえるだろう。先行する二つの総力戦との継承関係を意識したとき初めて、〈現在〉における戦争に関する様々な探究のあいだの関連がみえてくる。逆にいえば、かつて総力戦を成り立たせていた各要素のその後の変容を、それぞれの関連性を意識しつつ追跡する必要があるということである。

［総力戦の痕跡と市民社会の倫理］

第二次世界大戦末期に使用された二発の核兵器（原子爆弾）は、兵器としてはプロトタイプと呼ぶしかない兵器であり、その運搬方法を考えれば、本国上空の制空権を喪失し迎撃能力をほとんど持たないような降伏直前の敵国への攻撃にしか使えないものであった（運搬方法の不備は、その後、大陸間弾道ミサイルの開発・改良によって補われていく）。それでもなお、あるいはそれゆえに、実戦で実際にそれが使用されてしまったことは、冷戦を始めるに十分な衝撃力を持っていた。核兵器への恐怖を中心に刻み込まれた戦争の記憶が戦争体験として語られる一方で大衆文化に焼き付けられ、平和な社会に浸透していった（「大衆文化と戦争の痕跡」）。

一方、かつては戦争の外部から戦況を報告して国民の戦意を高揚させるためのもの、つまりプロパガンダと連繫して機能していた戦争報道は、次第に、戦場の内部からそれを「中継」するようなものになる（「戦争報道」）。市民社会は、よりリアルでライブに戦場の「真実」を知りたがるようになっている。ときに兵士よりも前進して身を危険にさらす戦場カメラマンが、戦場の新しい英雄となった。

平行して、「戦争は残酷なもの。そういうものだから仕方がない」といういい方が、戦間期から第二次世界大戦後には許されなくなった。第一次世界大戦の悲惨な経験は戦争を違法化する枠組みを生み（一九二八年のパリ不戦条約）、第二次世界大戦直後の敗戦国を対象としたニュルンベルク裁判や東京裁判の試みにつながった。二つの軍事裁判は、戦争の最終目標を敵国の軍事的指導者の逮捕と裁判、新体制の構築とするための祖型となっている。そしてその後、安全や豊かさを達成した市民社会は、それを脅かす可能性のある戦争をさらに憎み、戦争の正義や戦争責任を厳しく審査するようになってゆく。また、そのような文脈において、過去の戦争の事実や責任の認定に際しては、客観性や論理的な整合性を確保することよりも、むしろ被害者の側に強い信頼を寄せるようになっているが、同時に、少し議論を整理する必要もあろう（「責任と倫理」）。一方で、例えば日本の戦争責任問題に典型的なように、冷戦下で沈黙させられたり「決着した」とされてきたりした問題が、特に冷戦後、当事者の告発によって再審されるようになっている（「日本の戦争責任」）。そうした告発の場では、立場性を持たない「客観的な歴史」が許されなくなり、歴史認識をめぐる論争がいっそう甲高く行われるようになる。それはまた、物理的に沈黙を余儀なくされ、最大の被害者ともいえる戦争による死者の証言不可能性の問題を浮上させることにもなる（「語りえぬものと証言・証拠」）。総力戦を支えてきた国家による戦死者追悼も、素朴には表現できなくなり、こうした状況下を文脈としつつ再審されようになる。集合的記憶の問題として、戦争による死者の「居場所」が問題になってゆく（「戦死者のゆくえ」「靖国問題の戦後史」）。

戦争の表象と「新しい戦争」

戦争報道は、一方で前述したような戦争犯罪の論理や市民社会の倫理と結びついたが、同時にそれは、茶の間で人々がリアルなライブとして戦争を体感する「リビングルーム・ウォー」を準備することにもなった。「戦争の正義」への要求と視聴率的な興味関心とは微妙な関係を結ぶようになっており、繊細な探究が必要なものとなっている。

戦争への恐怖心を絶えず補給するためにも、戦争報道と相まって大量の戦争表象が産出される（「冷戦と表象」）。一方で、かつての軍事的啓蒙の試みは、平和で豊かな消費社会の様々な文芸領域に浸透し、大衆娯楽の主題やその設定として消費されていった（「ポップな戦争」）。

そうしたかたちで社会に「埋め込まれてしまった」戦争を「掘り起こす」ためにも、言語や表象の産出の場、諸メディアをめぐる構造こそが戦いの現場であり対象なのだ、という主張がなされ、大衆文化を戦争や政治闘争のメタファーで読み解く技法が鍛えられてゆく（「冷戦と世界内戦」）。戦争の探究は今や、日常性に浸透している政治分析と切り離せないものになった。

それは「総力戦」によって結びつけられていた諸主題の拡散も意味する。あるいは今や「戦争」という言葉の持つ、状況に対する記述力・説明力が低下しているのかもしれない。その一方で、独立運動・クーデタ・民族紛争などによる内戦・大量虐殺は続いている。戦いの主体は、必ずしも国家とは限らず、様々な集団や、あるいは時にはそのかたちを見出しにくい名のない集団となっている……。

二〇〇一年九月一一日にいわゆる同時多発テロが発生したとき、「これは『戦争』か？」という問いが起こった（＝問いとして立ちえた）。何らかの組織的な害意によって、ビルが炎上し崩壊して、たくさんの人が死んでいるけれども、ここから始まる一連の事件について、どう名付ければよいかわからない、という人々のリアリティが問題にされたのである（「これは『戦争』か」）。逆に言えば、とにもかくにもそれらを理解し対処するための手がかりとして、「戦争」が持ち出されたということであった。あるいは、国家事業であった戦争の「規制緩和」が進み、民間企業が活動領域を広げている（P・W・シンガー『戦争請負会社』、高木徹『ドキュメント戦争広告代理店』）。

そういった戦争の〈現在〉と私たちはどのように関係しているのだろうか。私たちはどのような意味でこの戦争の「当事者」なのだろうか（青弓社編集部編『従軍のポリティクス』）。改めてそれが考えられなければならないだろう（「『新しい戦争』と私たちの関与」）。アジア太平洋戦争における戦争体験や戦争の記憶の理解しようとしてきた社会学の数々の試みは、「冷戦の体験」や「冷戦の記憶」を経由しながら、私たちの〈現在〉の戦争への関与をめぐる問いに繋がってゆく。

（野上元）

戦争報道

フィリップ・ナイトリー（芳地昌三訳）『戦争報道の内幕――隠された真実』時事通信社・一九八七年
〔中公文庫〕二〇〇四年
橋本晃『国際紛争のメディア学』青弓社・二〇〇六年

「不運な一族」

ウィリアム・ハワード・ラッセルこそが「不運な一族の哀れな生みの親」である。クリミア戦争以前、イギリスの編集者たちは戦地のニュースを外国の新聞で知るか、雇った下級将校に手紙で報告させていた。しかし軍人たちのリポートはいつも自分に都合のよいことしか書かれなかったし、「ニュース」とは何かということもほとんど理解していなかった。そこで、『ザ・タイムズ』は自社の記者であるラッセルを戦場へ派遣することに決めた。そう、ラッセルの言う「不運な一族」とは戦場特派員のことなのだ。

戦争報道の古典的名著であるナイトリー『戦争報道の内幕』は、ラッセルが報じたクリミア戦争から同書が刊行された年に終結したベトナム戦争にいたるまでの報道を見事に描き出している。ナイトリー自身も長年新聞記者を務めたジャーナリストで、徹底的な資料の渉猟と関係者へのインタビューを経て一九七五年に同書は出版された。実際に携わった記者、編集者、作家など、個人の動きや発言を中心に展開する記述は、まさに報道の現場を見るかのような臨場感である。と同時に、戦争報道の背景には誇張、売上主義、刺激、野心、そして反戦と好戦といった様々な意図が絡み合って存在することを読者に伝えている。

戦争報道の変遷

『戦争報道の内幕』刊行時に最新だったベトナム戦争は、人々がお茶の間のテレビで日常的に戦争を見ることになった初めての戦争で、「リビングルーム・ウォー」という言葉さえ生み出された。そしてベトナム戦争の終結から一六年、今度は湾岸戦争でCNNが戦争の様子を初めて生中継し、その数年後のコソボ戦争ではインターネットによる現地からの情報発信が重要な位置を占めるようになった。

こうした戦争とメディアの現代史を把握したければ、武田徹『戦争報道』は格好の入門書であろう。同書では第二次大戦からアフガニスタン戦争までの戦争報道に関する代表的な著作やエピソードが紹介されている。また、現在の戦争報道の一面としてフリーランス・ジャーナリストの仕事にも紙幅が割かれており興味深い。アフガン戦争などでマスメディアは「危険だから」という理由で自社特派員を派遣せず、代わりにフリーのジャーナリストたちが現地の様子をリポートしていた。

さらに戦争報道の歴史を網羅的に学ぶなら、木下和寛『メディアは戦争にどうかかわってきたか』がある。木下は日露戦争からイラク戦争までの戦争とメディアの関わりを丹念に追い、フォークランド戦争以降、政府が報道をコントロールしようとする動きが優勢になったことを分析している。近年では各国の対メディア戦略もますます巧妙化し、プロのＰＲ会社が戦争における宣伝合戦をコーディネートするようになった。表面上、戦争報道の方法が瞬く間に変貌を遂げた一方で、根底には変わらない構造が横たわっているのだ。

権力の代理人

従来の戦争報道論が個別の戦争ごとに検証されてきたのに対し、橋本晃『国際紛争のメディア学』はメディアと戦争の関係を全体的な枠組みとして示そうと企図している。同書はメディアやジャーナリズムといった概念の成り立ちから考察し、ジャーナリストがそもそも「権力の代理人」としての機能を持っているという見方をとる。

戦時にメディアが演じてきた役割は、戦争努力を遂行する政府・軍による言論統制やプロパガンダの結果、いたしかたなくそうしたというだけで説明を片付けるべきではない。戦争とメディアは深いところである種の共犯の契りを交わしているのではないか（六三頁）。

こうした視点に立った上で、橋本は総力戦および限定戦争下におけるメディアの動員・統制のあり方を検証し、このデジタルメディア時代に国民国家を超える新しいジャーナリズムを模索している。戦争報道という営為を社会学的に考えることの興味深さを教えてくれる一冊である。

大切なことを書き忘れていたが、ナイトリー『戦争報道の内幕』の原題は *The First Casualty*（最初の犠牲者）である。これは、「戦争が起これば最初の犠牲者は真実である」という、アメリカのある上院議員の著名なセリフからとったものだ。私たちはこの犠牲者を弔い、未来の犠牲者を出さないように何ができるのだろうか。

（岩間優希）

責任と倫理

加藤尚武『戦争倫理学』ちくま新書・二〇〇三年
三浦俊彦『戦争論理学――あの原爆投下を考える62問』二見書房・二〇〇八年

周到で緻密な思考のステップ

『戦争論理学』は、広島、長崎への原爆投下を実例に、その是非を徹底的に論理的に考えるための教本である。戦争についての本というより、論理学のドリルブックと思ったほうがよい。著者の三浦俊彦は、『論理パラドクス』『論理サバイバル』『心理パラドクス』の三部作を同じ二見書房から出していて、本書はその応用編にあたる。

本書はまず、「アメリカによる原爆投下は悪かった、あるいは控えることができた」とする否定論と「アメリカによる原爆投下は正しかった、あるいは避けられなかった」（一八頁）とする肯定論とを、対等に扱ってはならないと注意する。無差別に民間人を多数死傷させる原爆投下を、データや証拠のない状態で、正しいと考えるのはむずかしい。ゆえに肯定論が、「立証責任」を負う。肯定論は「否定論の立論をことごとく論破してはじめて自らの正しさを立証できたことになる」（二一頁）というハンディを負うのだ。

読み進めるとわかるが、三浦俊彦は、原爆投下の肯定論に立つ。肯定論の立場から、否定論が持ち出すであろう論点を、全部で六二問も提出し、それに逐一反論を試みる。ところどころどうかなと思うところ（私の見解と異なるところ）もあるが、そんなことはどうでもよいと思えるほどに、そのあくまでも周到で緻密な論理の組み立てに感服した。きわめてレヴェルの高い応用論理学のテキストが、本書である。

いくつか興味深い議論を紹介しよう。第四問「核兵器は通常兵器より悪いのか？」。化学兵器（毒ガス）や生物兵器（細菌）が第二次世界大戦前に禁止されていた以上、同じ非人道的兵器の原爆を使用することは、戦争犯罪ではないのか。これへの反論は、「核兵器が［中略］通常兵器に比べてより非人道的だという根拠などない、と突っぱねる」（二八頁）か、原爆使用を決めた当事者たちに「通常兵器に比べ『非人道的だ』と認識されていなかった」（三〇頁）と主張するか、だという。アメリカ軍の指導層が原爆投下に反対したのは、原爆の巨大な爆発力と放射能のおかげで、伝統的な戦術が使えなくなってしまうからだ、という指摘にはうなずかされる。第四四問、「日本本土侵攻で『犠牲者100万人』はありえない？」。否定論は、米軍が本土に上陸した場合の死傷者を、根拠なく多めに見積もって原爆投下を正当化していると批判する。だが三浦は、多くの証拠をあげ、ダウンフォール作戦（九州上陸のオリンピック作戦＋関東上陸のコロネット作戦）は「たしかに最悪のシナリオであり、それと比べれば原爆投下の惨害も色褪せる」（一六九頁）ほどであるとする。第五四問、「被爆者のことを考えても原爆投下を肯定できるのか？」。批判論の切り札に対して、三浦は「被爆者の惨状を［中略］アピールされたからといって、原爆投下がなかった場合に代わりに死傷しただろうさらに多くの人々の惨状を軽視してよいことにはならない」（二一二頁）と反論する。

ファインチューニングされたポツダム宣言

原爆投下は、日本の降伏に不可欠だった。だが、原爆投下とソ連参戦のかたほうだけでは、日本を降伏させることができなかった。「そんな中でポツダム宣言は、降伏したくてもできなかった自縄自縛の日本をなんとか軟着陸させるために絶妙に微調整された、政治文書の傑作」（二四八頁）だ、と三浦はコメントする。原爆投下は、アメリカと日本双方の国益につながったのである。

原爆投下を突出した悪として非難すると、戦争そのものが絶対の悪であることを忘れさせ、戦争を防ぐうえでかえって有害である、というのが『戦争論理学』の重要な結論のひとつである。傾聴すべき指摘だと思う。

加藤尚武の『戦争倫理学』は、グロチウス、カント、ヘーゲル、クラウゼヴィッツなどの業績に言及しつつ、戦争の歴史や戦時法規についてふれ、戦争の具体像を考察する。話が多岐にわたり、しかも戦争について当然知っておかねばならないことがしばしば省略されている。『戦争論理学』を読み終わってから手にとるのがよいだろう。

日中戦争やポツダム宣言受諾などをめぐる日本の戦争指導部についての考察としては、加藤典洋・橋爪大三郎・竹田青嗣『天皇の戦争責任』が詳しく論じている。戦後、よくある戦争責任をめぐる天皇批判は、安易で心情的なものだった。そういう批判が終わるところから議論が始まるべきことが、のべられている。

（橋爪大三郎）

日本の戦争責任

家永三郎『戦争責任』岩波書店・一九八五年〔岩波現代文庫〕二〇〇二年
大沼保昭『東京裁判から戦後責任の思想へ』有信堂高文社・一九八五年
『東京裁判、戦争責任、戦後責任』東信堂・二〇〇七年
金富子・中野敏男編『歴史と責任——「慰安婦」問題と一九九〇年代』青弓社・二〇〇八年

戦争責任の諸相

日本の戦争責任の教科書記載を縮減しようとする文部省と長年裁判闘争を繰り広げた家永三郎の『戦争責任』は、責任の所在を三類型に分けて論じている。第一類型が日本国家とその指導的公職にあった諸個人の責任と、その方針に積極的に従って残虐行為をなした中下級将兵・官吏の責任、第二類型が日本国民（内地人）の責任、第三類型が連合諸国とその指導的公職にあった諸個人の責任である。

第一類型でまず重視されるのは、「十五年戦争」において日本軍が継続的に侵略していた中国の人びとへの夥しい残虐行為に対する責任である。続いて一九四一年以降に日本軍の侵略の対象となった東南アジアの人びとに対する責任が地域ごとに指摘され、また朝鮮・台湾・「南洋群島」など日本の植民地支配下にあった人びとに対する強制的または詐術的な動員と虐待に対する責任が強調される。さらに第一類型の議論は、多くの日本国民を徴兵・徴用し無謀な作戦によって膨大な死傷者を出した責任や、「国

体護持」のために降伏を引き延ばして多数の非戦闘員を死に追いやった責任にも及ぶ。

　第二類型として家永は、戦争遂行と動員を煽ったマスメディア・知識人・宗教団体などの責任をあげた後、戦争に積極的に参加・協力しなかった日本国民もまた、「国民の権利・自由の圧縮は一夜にして強行されたのではなく」(三三五頁)、侵略戦争を食い止める機会はあったとして、責任を免れないとする。

　第三類型の責任としては、米国の原爆投下と都市空襲による非戦闘員の無差別殺戮、ソ連軍による在満日本人非戦闘員に対する性暴力や日本軍将兵に対する不当な長期抑留などがあげられている。

東京裁判の意義と限界

　東京裁判について家永は、昭和天皇や関東軍七三一部隊員の全面的免責に代表されるように、戦犯の訴追・処罰が米国の占領政策と冷戦対策の必要性に応じてかなり部分的・恣意的なものにとどまったため、日本国民の間に自らの戦争責任を否認する戦争被害者意識が醸成されたと論じている。

　大沼保昭も『東京裁判、戦争責任、戦後責任』で同様の問題を指摘するが、それ以上に大沼は「裁く側」の連合国とくに欧州諸国による植民地支配や、冷戦体制下における米ソの「第三世界」への軍事介入が、東京裁判の正統性を著しく棄損したと強調する。また、サンフランシスコ講和条約締結において米国が日本を庇護し、戦争責任を問うアジア諸地域からの声を抑圧する側に回ったことが、日本国民の間に「対米戦争＝太平洋戦争」史観を定着させ、アジア各地の人びとに圧倒的被害を与えたことへの「感受性の欠如」をもたらしたとする。ただし大沼は、東京裁判はニュルンベルク裁判と並んで初めて、従来の国際法の論理では無問責にされてきた残虐な侵略戦争の責任者の「人道に対する罪」を、「指導者責任観」に基づき裁いた点で、たとえ「勝者の裁き」であっても大きな意義をもったと評価する。

戦争責任から植民地支配責任の地平へ

脱冷戦と東アジアの民主化が進むなかで一九九一年、日本軍の「従軍慰安婦」にさせられた金学順《キムハクスン》さんが韓国人被害者としては初めて公に名乗り出て、日本政府の謝罪と補償を求めて東京地裁に提訴した。これを期に、日本軍・官憲が植民地・占領地（および内地の一部）から女性を強制的または詐欺的に動員し、各地の「慰安所」で将兵相手の性行為を強制し続けた組織的な戦時性暴力は、戦争責任をめぐる議論の中枢を占めることになった。大沼自身、元「慰安婦」への「償い事業」である「女性のためのアジア女性国民基金」の設立・推進に深く関与した。同基金のあり方をめぐっては激しい論争が起こり、関連して大沼の（近年の）歴史認識そのものにも、金富子・中野敏男編『歴史と責任』の寄稿者などから鋭い批判が投げかけられているが、その論評をここで行う紙幅はない。

同書の著者たちも関与した国際民間法廷「日本軍性奴隷制を裁く女性国際戦犯法廷」（二〇〇〇年）は、「慰安婦」にさせられた女性たちへの加害責任を本格的に裁いた、初めての公共的空間であった。同法廷は、日本軍の統帥権者であった昭和天皇の責任を裁いたこと、そして「日本軍性奴隷制」に対する責任を日本の植民地支配におけるレイシズム・セクシズムの問題に接続した点において、東京裁判が切り縮めてしまった戦争責任の画期的な「再審」を意味していた。板垣竜太が同書所収の論考などで述べるように、いま戦争責任をめぐる問いに不可欠な視角は、第一に被害者の個別具体的な声から出発して責任体系の解明を行うことによって、尊厳回復・謝罪・補償などの実現を探ることであり、第二に継続的戦争状態というべき植民地支配に対する責任との連続性のうえに、戦争責任を捉えることにあるだろう。

（石原俊）

戦死者のゆくえ

川村邦光編『戦死者のゆくえ――語りと表象から』青弓社・二〇〇三年
今井昭彦『近代日本と戦死者祭祀』東洋書林・二〇〇五年

戦死者とは

戦死者とは誰か、それはけっこう悩ましい難問である。戦争では多様な死があったが、将兵だけに戦死者を限ってしまっていいのだろうか。戦争をどのような立場から、どのように捉えるのか、それがおそらく戦死者の概念においては根底的な問題なのである。『戦死者のゆくえ』で、まず初めに問題視するのは、この戦死者の概念である。ここでは、戦争・戦場での「殺し／殺される」関係性のもとで戦死者が生まれると提起している（一三〜二一頁・七九頁）。軍人・戦闘員ばかりにかぎられない。民間人・非戦闘員も空襲や原爆などで殺されて死んでいる。それも自国ばかりではない。侵略した他国でも殺し、おびただしい死者を生み出したのである。同じような問題意識から、西村明は「戦争死者」（『戦後日本と戦争死者慰霊』、三頁）の概念を提起している。

戦死者の弔い儀礼

明治期以降、内戦や対外戦争での戦死者の死体や霊魂の処置法においては、敵味方の死者・霊魂を差別し排他的な祀り方を生み出してきた。また、埋葬や葬儀、祀り方、墓碑といった戦死者の弔い儀礼の大きな特徴は、多重葬儀であるとともに、国家の生み出した「不自然な多重祭祀」（岩田重則『戦死者霊魂のゆくえ』、三二頁）であり、「戦死者が無限に、かつ重層的に祀られていく構造」（今井昭彦『近代日本と戦死者祭祀』、四〇四頁）にある。それは政治的な色彩の色濃いもので、政治の焦点ともなるにいたっている（矢野敬一『慰霊・追悼・顕彰の近代』）。

こうした戦死者の死体・霊魂の多重葬儀・多重祭祀という処置は、これまでの民俗的慣行を混乱させ複雑化させたばかりではなく、霊魂自体の行き先を迷わせた（田中丸勝彦『さまよえる英霊たち』）。およそ死者はホトケとなって、彼岸・あの世へとおもむいた。しかし、靖国神社・護国神社などに神霊として祀られ留まっているとする信念も現れてきた。多重祭祀は戦死者の霊魂のゆくえを多種多様化したのである。

沖縄には護国神社や三二府県の戦死者慰霊碑・慰霊塔がある一方で、各地区（字）に沖縄戦で死去した住民たちの慰霊碑がある。そして、何よりも摩文仁の「平和の礎」は軍人・軍属、民間人、敵味方、国籍を問わず、沖縄戦での戦死者、約二十四万人の個々人の名を刻銘して弔う石碑として建立された。「一個の名を通して、家族のもとへと帰還を果たした」（北村毅『死者たちの戦後誌』、三四三頁）とされるように、刻銘された名は個々人の遺骸を表象し、家族や地域と繋がっていた生の痕跡を想起させる媒体となっている。

戦死者の亡霊譚と弔いのポリティクス

戦死者・霊魂のゆくえは遺族・生者の関わりに依拠しつつも、国家や地域、家族、個々人のレヴェルで多様である。とはいえ、戦死者の霊魂のゆくえが定まっていないこともままある。戦中・戦後、戦死者が亡霊となって現れたという話が数多く語られている。ガダルカナル島や沖縄などの激戦地で戦死した場合が多く、将兵ばかりでなく、従軍看護婦も亡霊になっている。こうした亡霊譚は、戦死者の遺骨も霊魂も戦地に留まっていて、靖国神社の神霊として安住していない、いまだ成仏していない、あるいは弔いが未完だと思念された証である。さらに殺戮された中国の軍人や民間人も、亡霊となって現れ、そして報復することがある。殺戮した日本人将兵のもとを訪れ、怨みを晴らすこと、それが戦死者のゆくえとなる。戦死者の亡霊譚はすぐれて政治的かつ抗争的な物語であり、殺し／殺された戦死者のゆくえに亀裂を入れ、弔いのポリティクスを浮き彫りにするのである。

（川村邦光）

靖国問題の戦後史

赤澤史朗『靖国神社——せめぎあう〈戦没者追悼〉のゆくえ』岩波書店・二〇〇五年
高橋哲哉『靖国問題』ちくま新書・二〇〇五年

戦死者を祀る神社

毎年「終戦」の日が近づくと、新聞やテレビでは首相や閣僚が靖国神社に参拝するのかどうかが話題となる。とくに二〇〇一年にはじまる小泉純一郎首相の靖国参拝以来、靖国問題はあらためて大きな注目を集めてきた。だが、なぜ首相の靖国参拝が問題なのか。それは靖国神社の歴史に由来している。

靖国神社はそもそも明治国家によって創建された特殊な神社であり、戦死者を祀るための国家的施設であった。高橋哲哉は『靖国問題』において、靖国信仰の本質を戦死者の遺族の悲しみを喜びへと転化させること、すなわち「感情の錬金術」に見出している（四四頁）。靖国神社は、国民を戦争へと動員するだけでなく、国家神道の中心として日本人の生と死を意味づける機能をもっていた。「『お国のために死ぬこと』や『お天子様のために』息子や夫を捧げることを、聖なる行為と信じさせることによって、靖国信仰は当時の日本人の生と死の全体に最終的な意味づけを提供した」（二九〜三〇頁）。

敗戦と戦後改革によって靖国神社は国家的施設としての地位を失い、宗教法人となる。占領軍の神道指令と戦後憲法の政教分離条項（二〇条と八九条）は、靖国神社という施設がふたたび国家と結びつくことへの歯止めであった。しかし、戦後も靖国神社の合祀が厚生省からの名簿にもとづいてなされていたように、靖国神社と国家のつながりは完全に断たれたわけではない。こうした戦後改革の不徹底さが、良くも悪くも、戦後の靖国問題の条件となる（三土修平『靖国問題の原点』）。

国家護持をめぐる争い

赤澤史朗は『靖国神社』のなかで、社報『靖国』の分析を通して、占領期から一九五〇年代にかけての靖国神社が軍国主義的な「顕彰」の論理を切り離し、戦没者の「慰霊」だけをおこなう平和主義的な神社に生まれ変わろうとしていたことを明らかにしている。

しかし、靖国神社の平和主義は一九六〇〜七〇年代を通じて次第に変質していく。平和主義的な「慰霊」の論理のなかに、ふたたび戦争を肯定する「顕彰」の論理が混入してくるのである。その理由を、赤澤は「戦後初期の靖国神社の平和主義への転向が、十分に自覚的におこなわれていないことが、後の靖国神社とそして遺族会の、なし崩しの再転向を招く基盤となる」と説明している（七一頁）。

靖国神社の「再転向」は、靖国神社をふたたび国家的施設にしようとする政治運動によっても後押しされていた。日本遺族会を主な担い手として、靖国神社国家護持運動が展開され、靖国神社創建百年にあたる一九六九年には自民党によって靖国神社法案が国会に上程された。

そうした動きに対して、靖国神社国家護持反対運動もまた、平和運動や護憲運動と重なり合いながら、急速な盛り上がりをみせた。靖国神社法案は、草の根の反対運動と全野党の反対によって成立することなく終わる。その結果、一九七〇年代半ば以降、靖国神社の国家護持をめざす勢力の目標は「公式参拝」の実現に絞られていくことになる。

靖国訴訟と戦後憲法

戦後の靖国問題を理解する上で高橋と赤澤がともに注目しているのが、一九六〇～七〇年代にはじまる靖国訴訟である。靖国訴訟とは、神道式の「慰霊」行為への公人の参加や公費支出を憲法違反として住民らが損害賠償を求める裁判のことである。この靖国訴訟が生成していく過程で、「靖国問題」を問題化する枠組みとして戦後憲法の政教分離条項が見出された。そして、その枠組みにもとづいて新たな「問題」が発見されていくことになる（浜日出夫編『戦後日本における市民意識の形成』所収の拙稿「政教分離訴訟の生成と変容」を参照）。

近年でも、小泉首相の靖国参拝に対して各地で訴訟が起こされ、二か所で違憲の判断が示された（合憲の判断はない）。また二〇一〇年には、戦没者遺族による合祀取り消しを求める裁判で、大阪高裁が合祀への国の協力を違憲とする判断を示している。靖国神社にふたたび国家的な意義を与えようとする動きは、今なお靖国訴訟によって問題化され、戦後憲法によって規制されている。

いま、首相が靖国参拝をおこなわないという状況があるとすれば、それは自然なものではなく、靖国訴訟によって達成され、戦後憲法によって維持されている出来事なのである。靖国神社をめぐる戦没者追悼のポリティクスは、一方では歴史を利用しながら、他方では歴史によって支えられている。今後、靖国問題はどのように変化していくのか。高橋と赤澤の著作は、この難問を考えていくための基本的な見取り図を与えてくれるはずである。

（赤江達也）

語りえぬものと証言・証拠

ソール・フリードランダー編（上村忠男・小沢弘明・岩崎稔訳）『アウシュヴィッツと表象の限界』未來社・一九九四年
高橋哲哉『記憶のエチカ――戦争・哲学・アウシュヴィッツ』岩波書店・一九九五年

言説以前に史実は存在するか？

過去の出来事に関する認識が言葉による媒介なしには成立しえないことを認めるとすれば、私たちはただちに次のような問いに直面することになる。すべての歴史認識はこれを語る言葉の形式に依存するのであって、一義的に確定しうるような史実は存在しないのではないか。私たちの前には複数の語りの可能性が開かれており、その言説の秩序を越えた事実確定を行うことは不可能なのではないか。だが、もしそうであるとすれば、過去に何が行われ、それがどのような意味をもっていたのかについての認識も、採用される物語の形式によって変わりうることになる。そして他方では、語りによる表象の限界を超えているものについては沈黙を守るしかないことになるだろう。この時私たちは、歴史叙述それ自体のうちに孕まれる暴力に加担することなく、過去の現実をいかに語ることができるだろうか。

表象の限界としてのホロコースト？

フリードランダー編『アウシュヴィッツと表象の限界』は、一九九〇年四月に行われた「〈最終解決〉と表象の限界」をテーマとした研究会議の記録である（報告者には、ヘイドン・ホワイト、カルロ・ギンズブルグ、ドミニク・ラカプラ、ベレル・ラングらが名を連ねている）。会議のきっかけとなったのは、ホワイトとギンズブルグのあいだで交わされた「歴史、事件、言述」をめぐる討論（一九八九年）であった。歴史叙述とは「物語言説の形式をとった言語構造体」であり、歴史認識はそれぞれの物語を構成する「プロット化の様式」に依存するのだとするホワイトは、ひとつの歴史事象について複数の歴史記述がありうるのだと論じていた。これに対してギンズブルグは、もはや素朴な実証主義的立場は成り立ちえないとしながらも、ホワイトの相対主義的立場を「懐疑論」と名指し、これに抗して、「証拠」にもとづいて「現実」を問い続けることを歴史家の役割と位置づけていた。両者の対立は、「アウシュヴィッツ」という「表象の限界に位置する事件」を前にして、さらなる曲折を見せる。

ホワイトは、「アウシュヴィッツ」は「どのような手段によっても表象不可能である」という「決まり文句」を拒否しながらも、この「集団虐殺」については「比喩的言語を使用すれば事実が歪曲されてしまう」というラングの主張を取り上げ、ホロコーストに関しては一切のプロット化の様式が拒否されざるをえないと論じる。そして、「主観的でもなければ客観的でもないような」「自動詞的記述」の可能性を模索していく。対するギンズブルグは、たった一人の証人しか残されなかったような出来事についてなお「事実」を問いうることを語りながら、ホワイトの立場につきまとう「道徳的ジレンマ」を剔出していく。すなわち、歴史認識の相対性という観点から、特定の政治的な理由によってひとつの歴史観を斥けることはできないというホワイトは、相対主義的な「寛容」の姿勢を示しているようでいて実は、ひとつの歴史解釈が特定の政治的共同体にとって「効果的」であるという理由から「真実」として語られてしまうことを容認してしまうのだと。

「証言」に場所を与える

彼らの論争は、「過去の行為」に対する認識の条件と倫理的問いが交錯する地点において「戦時の暴力」を考えようとする者たちに、避けがたく困難な問いを突きつける。例えば、日本軍による「南京」での虐殺行為についても、「われわれ」の政治的共同体にとって好都合な視点から、執拗に「史実」の書き換えを行おうとする人々がいる（これについては、笠原十九司『南京事件論争史』を参照）。こうした状況を前に、哲学者・高橋哲哉は、歴史を「物語＝叙述」に還元することそれ自体に厳しい批判を加える。『記憶のエチカ』において彼は、物語ろうとすれば言葉がつまずかざるをえない出来事にこそ記憶されるべきこと、語られるべきことがあると論じ、その内在的な矛盾を孕んだ行為（「絶望的な試み」）としての「証言」に場所を与えることを選びとる。「想像すること」や「理解すること」の不可能性ゆえに私たちの前には現前しえぬ過去との関係において、私たちは歴史性を考えなければならない。それは、「物語＝叙述」の形式においてはついに表象されえず「忘却の穴」（ハンナ・アーレント）に沈み込んでしまった過去との関係によって、〈われわれの現在〉の自明性が揺さぶられ、異化されるところに可能となる。そのような逆説的な身ぶりにおいて、私たちは「物語りえぬものについても語らなければならない」のである。

（鈴木智之）

冷戦と表象

スーザン・ソンタグ（北條文緒訳）『他者の苦痛へのまなざし』みすず書房・二〇〇三年
ジャン・ボードリヤール（塚原史訳）『湾岸戦争は起こらなかった』紀伊國屋書店・一九九一年
〔復刊版〕二〇〇〇年

映像時代の戦争

「映像の時代」と呼ばれもする現代における戦争の大きな特徴は、戦争が無数の映像の交錯によってかたちづくられている、という点にある。「映像によってかたちづくられる戦争」というとき、大きく捉えると、ふたつの意味合いがある。ひとつは、世界のどこかで起きている戦争の様子は、映像化されることによって、世界中のいたるところで目にすることができるという事態。もうひとつは、軍事技術に視覚装置が導入されることによって戦争という出来事そのものが映像化されているという事態（ヴィリリオ『戦争と映画』）。こうした「映像時代の戦争」はこれまでどのように捉えられてきたのか。

戦争のスペクタクル化

ソンタグの『他者の苦痛へのまなざし』は、戦争の映像の蔓延という事態を批判的に検討していく。

戦場で撮影された戦争の映像は、戦争の悲惨さや苦しみを世界中に伝えることができる。しかし、こうした映像が眺められるのは、戦場から遠く離れた安全な場所においてである。戦争の映像は悲惨な現実をみる者に突きつける。だが、それが戦争を阻止することは決してできなかった。さらに、戦争映像の歴史には編集、演出、解釈、検閲などによる「映像によって伝えられる現実」の意図的操作がつきまとってきた。ソンタグは、このような「戦争の映像」の蔓延によって、「戦争という現実」の共有がスペクタクルへと接近してしまう可能性に憂慮を示す。

スペクタクルとしての湾岸戦争

映像の時代における戦争を象徴するのが、冷戦構造が崩壊した後に勃発した湾岸戦争である。暗視カメラが捉えた多数のパトリオット・ミサイルやスカッド・ミサイルが飛び交うバグダッドの様子、ミサイルに搭載されたカメラが攻撃目標に到達し爆発するその瞬間までを捉えた映像、視覚兵器によってこうした映像が無数にもたらされた。湾岸戦争はしばしばテレビゲームに喩えられるが、それは映像に映し出された戦争の外見の問題だけによるものではない。「戦争そのものの映像化」としての湾岸戦争における戦争映像の大量流通は、湾岸戦争の様子を世界に広く伝えただけでなく、戦争そのもののあり方の変化も示す。

ボードリヤールは、『湾岸戦争は起こらなかった』のなかで「映像化された戦争」としての湾岸戦争のあり方を次のように説明している。「湾岸戦争」として体験されている出来事は、「出来事ではなくて、出来事が、等身大の規模で（つまり、潜在的な、イメージの規模で）無力化し、亡霊となって呼び出されるというスペクタクルである」（六八頁）。戦争という現実が、潜在的なイメージによって抑圧されてしまった亡霊のような戦争。「熱い戦争（暴力による紛争）のあとから、冷たい戦争（恐怖の均衡）のあとから、やってくるのは死んだ戦争―解凍された戦争―だ」（一五頁）。冷戦以前の戦争のような大きな力どうしの衝突ですらなく、「戦争の映像」だけを大量に掃き出し続ける「死んだ（始まる前から既に終わっていた）」戦争だったからこそ、「湾岸戦争は起こらなかった」と皮肉を込めていったのだ。

「戦争の現実」と向き合うために

ボードリヤールがニヒリスティックに捉えた、映像の時代における戦争のスペクタクル化は、ソンタグが憂慮していた事態とも重なり合っている。しかし、ソンタグの『他者の苦痛へのまなざし』は、さらに、自らも寄って立つ「映像による現実のスペクタクル化」という見方を批判的に乗り越えていこうとする。「現実の権威を弱めようとする動きとは無関係な現実が、依然として存在している。私の主張はむしろ現実の擁護、現実に対して充分に反応する感度、現在危機に瀕しているその感度の擁護なのである」（二〇八頁）。しかし、この「現実の擁護」は、戦争の映像を現実の亡霊として排除してしまうことではない。「戦争の映像」が象徴でしかなく、現実を捉えていないとしても、そうした映像に寄り添い、映像が語ることにひたすら耳を傾けることが必要である。そして、映像によって戦争の苦しみを理解することはできない、映像によって戦争の恐怖を想像することはできない、という現実を直視することこそが、映像の時代において「戦争の現実」に向き合うことを可能にするのである。

（菊池哲彦）

冷戦と世界内戦

カール・シュミット（新田邦夫訳）『パルチザンの理論――政治的なものの概念についての中間所見』
ちくま学芸文庫・一九九五年

冷戦の主役は誰だったのか

　冷戦の主役として通常考えられるのは、アメリカ国家とソ連国家であろう。この二つの巨大国家は、人類の歴史において、かつてないほどの強力な権力手段を獲得し、にらみあったままで世界を取り仕切った印象が強い。しかし他方において、パルチザンとして、あるいはパルチザン的に生きる人間たちが活動し、この時代を突き動かしてきた印象もなくはない。冷戦を東西両大国の国家間対立として把握するのか。それとも、正戦に熱狂する人々による世界内戦として把握するのか。実際の力関係はともかくとして、概念的には、巨大国家とパルチザンのいずれを、冷戦の主役とすべきなのであろうか。

　一九六三年にドイツ語で公刊された本書『パルチザンの理論』は、カール・シュミットが、冷戦も含む二〇世紀を素描せんとした試みである。本書でシュミットは、「レーニンのような職業革命家の戦争理論が戦争におけるすべての伝来的な枠づけを盲目的に破壊した時、戦争は絶対的な戦争になり、パルチザンは絶対的な敵に対する絶対的な敵対関係のにない手になった」とする（一八六頁）。そして、「世界的内戦の職業革命家」（一九二頁）であるレーニンは、クラウゼヴィッツから、「政治の継続としての戦争」に加えて以下の認識を学んだと主張する。

すなわち、友と敵とを区別することは、革命の時代においては、第一次的なものであり、また、戦争および政治をも規定するものである、というひっそう広範な認識である。革命戦争のみが、レーニンにとって、真の戦争である。なぜならば、革命戦争は、絶対的な敵対関係から発生するものだからである。それ以外のすべては、在来的なゲームなのである（一一〇頁）。

ちなみにレイモン・アロンは、一九七六年にフランス語で公刊した著書において、シュミットのクラウゼヴィッツ解釈、レーニン解釈を否定し、それらはシュミットの概念を無理に押し付けたものであると批判している（『戦争を考える――クラウゼヴィッツと現代の戦略』二九二頁）。事実、政治的なものの概念を友と敵という対立項の強度に見出そうとしたのは、シュミット自身に他ならなかった。本書『パルチザンの理論』は、パルチザンの歴史や思想を辿るかに見えて、あくまでも、冷戦の真只中に生きるシュミット自身の「政治的なものの概念についての中間所見」なのである。

冷戦と敵概念

ところでシュミットは、本書の終わり近くで、核兵器の出現によって絶対的な敵対関係がさらに強められるとの懸念を表明している。「人類の半分は、他の半分の、核の絶滅手段を備えている権力保持者のための人質になる」とするシュミットは、この「核時代の現実のなかに」絶対的な敵の新たな形が生じてきたと指摘するのである（一九三頁）。

他の人間に対してあの手段を用いる人々は、この他の人間を――すなわち自己のための生贄《いけにえ》および客体を――道徳的にも絶滅するように強制されていると思う。この人々は、相手方を全体として犯罪的および非人間的と、すなわち全体的な無価値と、宣言しなければならない。しからずんば、この人々自身が、まさに犯罪者および非人間なのである。価値と無価値の論理は、そのまったく絶滅的な帰結を展開し、そしてますます新しい、ますます深い差別化、有罪化、価値貶化《へんか》を強行し、すべての生活価値のない生命を絶滅することにまで至るのである（一九四～一九五頁）。

古賀敬太によれば、第一次世界大戦以来の正戦論が「敵や戦争概念の犯罪化・違法化」を促進してきたと批判するシュミットは、「自己の戦争概念や敵概念を《正戦論》のそれから明確に区別しようと試み」ていた（『シュミット・ルネッサンス―カール・シュミットの概念的思考に即して』、二〇六頁）。その試みは、核戦争の恐怖に脅かされた冷戦時代を考えるためにも、テロとの戦いの恐怖に怯える冷戦以後の時代を考えるためにも、一つの手がかりとなりうるのかもしれない（二〇八頁）。

もとより、シュミットの思考は入り組んだものであり、その主張について多様な解釈が可能である。ただ少なくとも、一八八八年に生まれて一九八五年に没したシュミットが、戦争と内乱の二〇世紀を生き、その体験を自己の概念規定に活用した思想家であったことはたしかである。

（植村和秀）

大衆文化と戦争の痕跡

好井裕明『ゴジラ・モスラ・原水爆——特撮映画の社会学』せりか書房・二〇〇七年
吉村和真・福間良明編『「はだしのゲン」がいた風景——マンガ・戦争・記憶』梓出版社・二〇〇六年

大衆文化と戦争の語り

大衆文化に関する研究は、これまで文化社会学や表象文化論などが引き受けてきたが、記憶研究や視覚文化研究の高まりを受け、近年ではよりいっそう多様な学問領域で研究が進められている。

戦後に精神形成期を迎えた「戦後世代」や戦後に出生した「戦無世代」が、戦争に関する知識を獲得する機会は、体験者の思い出話から学校教育にいたるまで様々だが、そのなかでも無視できない機会の一つに、大衆文化を通した受容が挙げられる。

小説や映画、漫画、あるいはラジオやテレビが描き出す戦争は、それが戦争の「語り」の一種であるという自覚なしにエンターテイメントとして受容、消費される傾向があった。また、たとえ直接的に戦争を扱っていない場合でも、作品の中に戦争を想起させる表象や語りが配置されている例は多かろう。そうであるならば、戦後日本の戦争認識を研究する際、大衆文化における戦争の語りと受容者たちの戦争認識との相関関係を見逃すわけにはいかない。

特撮映画における反戦平和のメッセージとその希薄化

先駆的な研究として、特撮映画における原水爆イメージを分析し、そこに原水爆に関する偏見を読みこんだ好井裕明『ゴジラ・モスラ・原水爆』がある。本書の中でも特に興味深いのは、「他愛のない特撮ＳＦ映画」に注目している点だ。しばしば「Ｂ級」と呼ばれ、研究に値しないと考えられがちな映画にこそ、戦後日本の原水爆イメージの生成過程を解明する鍵が埋め込まれていた。荒唐無稽な「放射能による身体の変異譚」が頻出するＳＦ映画をエンターテイメントとして消費することで、受容者たちは放射線への幻想や被爆者への偏見を気づかないうちに身にまとっていたのである。

『ゴジラ』（一九五四年）は核実験への批判的視座を有していたが、それがいつしか実体を失った原水爆イメージとなり、そのイメージが荒唐無稽なストーリーの辻褄合わせとして多用されていった。その過程は、核兵器や核実験に関する正確な理解はそれほど必要とされず、必要最小限の言葉や映像から連想される原水爆イメージを消費することで「怪奇」や「幻想」を楽しむという、特撮怪獣映画、特撮怪奇映画の一種の「文法」が定着していく過程であり、「平和と幸福」というメッセージが空疎に反復されるようになっていく過程でもあった。

好井が実践して見せたように、特定の大衆文化における戦争関連の表象の系譜をたどり、戦後日本の歩みと突き合わせる作業は今後ますます求められることだろう。

マンガが描いた戦争

小学生の頃、図書館や学級文庫で『はだしのゲン』に触れたという人は多いのではないだろうか。大衆文化のなかでも、広島原爆の前後を描いた中沢啓治のマンガ『はだしのゲン』は、マンガでありながら教育現場に流入したという意味で前述の特撮映画とは異なっている。では、『はだしのゲン』が教育メディアとしての地位を獲得することができたのは一体どのような理由によるものなのか。吉村和真・福間良明編『「はだしのゲン」がいた風景』はその疑問に答えてくれる。

少年向けマンガ週刊誌『少年ジャンプ』に掲載されながら、その政治性のゆえか発行元の集英社からは単行本化されなかった『はだしのゲン』は、汐文社から単行本化されると意外なほどの好評を受け、続編は『市民』『文化評論』『教育評論』といった左派系の論壇誌で連載されることになる。ここにおいて、教職員達のお墨付きを得た「教育メディア」としての『はだしのゲン』が誕生する。メディアの移行が原爆マンガの聖典を生んだわけだが、それは裏を返せば、作者の中沢啓治が伝えようとした語り難い戦争体験ではなく、「平和学習」としての「健全」な解釈へと読者を方向づけることにもつながった。

その他、マンガ論、読者論、物語構造論、受容研究などのアプローチで『はだしのゲン』に迫った本書は、それぞれの方法論の実践例に満ちている。関心を持った方法論を他の作品に応用してみるのもよいかもしれない。単一の作品も、切り口次第で異なった様相を帯び、そこから研究の世界が広がっていく。大衆文化の研究の醍醐味を知るには最適の一冊である。

（山本昭宏）

ポップな戦争

中久郎編『戦後日本のなかの「戦争」』世界思想社・二〇〇四年
佐藤卓己編、日本ナチ・カルチャー研究会著『ヒトラーの呪縛』飛鳥新社・二〇〇〇年

戦争感の現在・来し方

デギン「貴公、知っておるか？　アドルフ・ヒトラーを。」
ギレン「ヒットラー？　中世期の人物ですな。」
デギン「ああ。独裁者でな。世界を読み切れなかった男だ。貴公はそのヒトラーの尻尾だな。」
――『機動戦士ガンダム』第四〇話（一九七九年）

振り返ると、一九八一年生まれの私が「ヒトラー」という固有名を最初に認識したのは、再放送で観たこのアニメの一場面であったように思う。そして、もっと具体的なヒトラーやナチスのイメージは、アニメ『キン肉マン』（一九八三年）のブロッケンＪｒ．や映画『インディ・ジョーンズ――最後の聖戦』

（一九八九年）等を通して形成された記憶がある。

これらは確かに、所詮は戯画化されたイメージであり、ヒトラーやナチスについての正確な理解ではない。だが、「戦争体験」を持たない私たちは、何よりもまず、こうしたポップな形で、ヒトラーやナチスを受容してきたのではないか。いや、〝受容〟というよりは、むしろ〝愉しんできた〟と言ってしまった方が正確だろう。

だとすれば、これまで数多《あまた》量産されてきた「ヒトラーやナチス自身」についての研究（だけ）ではなく、「ヒトラーやナチスがどのように愉しまれているか」についての研究が必要である――。

佐藤卓己編『ヒトラーの呪縛』は、こうした認識に立って編まれている。そこでは、映画、音楽、アニメ、インターネットといった多岐にわたる〝ナチ・カルチャー〟に分け入り、それら〝ナチ・カル〟受容のいまが描き出されていく。

さて、例えば私の父親――一九五四年の生まれの彼もまた、「戦争体験」を持たない――の世代は、いかなる形で戦争というものを受容し、理解してきたのだろうか。

それは『紫電改のタカ』（一九六三年）や『0戦はやと』（一九六三年）といった軍記マンガや、『少年マガジン』の軍事特集記事を通してであろう。その世代もまた、ポップな形で戦争を愉しんできたのである。中久郎編『戦後日本のなかの「戦争」』に収められた論考で、高橋由典や伊藤公雄が一九六〇年代の少年誌を猟渉しつつ考察しているのは、そうした戦争受容の来し方である。

戦争を愉しむ、という逆説。そしてポップなものにこそ宿ってしまう〝戦争を知らない子どもたち（の子どもたち）〟の戦争のリアリティ。

――それらは、戦争観というよりは、戦争感と表記するのが相応しいだろう。そしてこの戦争感こそが、戦争観をリアルに照らし出すことを両書は明らかにする。事実、冒頭で言及した『機動戦士ガンダム』には、作者である富野由悠季の戦争観が強烈に投影されているのである（富野由悠季「『機動戦士ガンダム』の作者の戦後」）。

「戦争」に憑かれた社会

それでも、このようなポップな対象に照準した研究は、時として次のような非難を呼び寄せることになるだろう。「結局のところ、戦争そのものを描けておらず、戦争批判の意志が欠如している」と。

だが、これは短絡的な物言いである。両書に共通しているのは、〝戦争感〟周辺の文化について、無垢な平和主義に基づき性急に断罪しようとするこのような力学に対し、慎重に抗う姿勢である。

佐藤はこう述べる。「ヒトラー自身の研究よりも、ヒトラー受容の研究が、ヒトラー批判に不可欠な前提であ」り（二四頁）、「ファシズム研究が反ファシズムであるためには、ファシズムの深淵を覗かねばな」らない（二五頁）。

すなわち、両書が行っているのは、ややもするとその魅惑に足を取られてしまう対象に深く分け入りながらも、そこから批判の可能性を真摯に探る作業なのである。

実際、この佐藤らの書物を通して浮かび上がるのは、「ヒトラー」を絶対悪として記号化することによって、逆に、そのヒトラーを物差しとしてあらゆる物事を価値づけてしまっている――その意味で、ヒトラーに呪縛されている――我々の認識形態である。

また『戦後日本のなかの「戦争」』の諸論考から空恐ろしいほどにくっきりと描き出されるのは、様々な形で「戦争」に呪縛されている「平和」な戦後日本社会の姿なのである。

（塚田修一）

これは「戦争」か

ポール・ヴィリリオ（河村一郎訳）『幻滅への戦略——グローバル情報支配と警察化する戦争』
青土社・二〇〇〇年

戦争の大義の弱体化

ヴィリリオの『幻滅への戦略』が取り上げているのは、一九九九年のコソヴォ戦争において、戦争がどのような新たな段階に入ったかということである。以下で説明しよう。

メアリー・カルドーによれば、戦争とは近代国家の成立に随伴するものである限りにおいて特殊なものである。その場合、戦争の目的となるのは、たいていは国境の確定（領土拡張）であった。しかしこれが第二次大戦後から変化する。冷戦下での東西のブロック化が進み、それぞれソ連／アメリカの覇権争いが行われ始めることになるが、ここにおいてアメリカは、民主主義の名において共産主義勢力の拡大を食い止めるという戦争の新たな目的（大義名分）を得ることになり、これによって各国に軍事介入するようになる（ヴィリリオはヴェトナム戦争に「人道」と戦争とのつながりの開始点を見ている）。

しかしこの正当化は、一九九一年の冷戦終結によって使えなくなってしまう。したがって第二次大戦後、さらに冷戦終結後の世界秩序において戦争をするには、国際的な世論を納得させるだけの新たな正当性を示さねばならないという大きな困難が生じることになった。それでは、ロシアとヨーロッパの間の旧ユーゴスラビアという地域に、しかも民族間紛争のどこに、NATO軍、要するにアメリカは軍事介入する理由（正当性）を持ちえたのか。

ヴィリリオは、旧ユーゴスラビアを、アフリカのいくつかの国と同様、世界の至る所に広がる、見捨てられた（「世界－都市」ならぬ）「世界的－郊外」（七九頁）の場の一つだと見なしている。「世界的－郊外」とは無法地帯、無権利地帯であるにもかかわらず、（法治）国家あるいは国際社会はそれを放置している。これが貧窮を招き、犯罪を増大させている。こうした状況下で大量虐殺が起きてしまったというのがヴィリリオの見立てである（したがってヴィリリオは、セルビア人とアルバニア人の宗教的差異はこれほどには重要ではないと考えている）。

アメリカがこの「世界的－郊外」に「人道的介入」と称して、戦争を行う口実をねつ造しつつ得ようとしたのは、ヴィリリオによれば、人工衛星による地球全体の空からの監視を独占するという利害（八七頁）である。実際、この戦争では、「ピンポイント戦」が行われた。すなわち、人道の名における「正義の戦争」ならぬ、「正確に照準を合わせる戦争」（八五頁）が（しかし空爆は誤爆を多く含んだ）。

正当化の論理

では、なぜこうした軍事介入の横暴が、しかも国連憲章にも違反してなお、なされるに至ったのか。これに正当性を与えたものとして、虐殺を主導したとされるミロシェヴィッチ大統領らの裁判が「人道」という名において国際刑事法廷によって行われたことが挙げられる（現役の国家元首が裁判にかけられることは前代未聞だった）。さらに「人道的介入」の必要性を喚起するために、マスメディアを通じた情報操作が行われた。すなわち、現地市民たちの悲惨な犠牲の喧伝である。

また、軍事介入を正当化したのは、ハイテク兵器による精度の高い攻撃（ただし誤爆が増える前まで）であるが、それ以上に、ヴィリリオによれば「事故の軍事化」（七一頁）だった。これは何なのか。

「事故の軍事化」

冷戦下での米ソの軍拡競争が極限化した結果、核戦争は実行不可能になった。他方で、敵の破壊でなく、敵地を汚染する、枯れ葉剤やその他化学兵器、細菌兵器、劣化ウラン弾などが開発されてきた。しかしこれらも国際的に批判され始めたため、より批判されにくい破壊（つまり戦争という外見を持たない破壊）が必要になってきた。これが「事故の軍事化」、あるいは故意に起こされる事故である。すなわち、「敵陣営内外に機能停止とパニックを引き起こし、敵の下部構造を無力化すること」（七〇頁）が重要になったのだ。ペンタゴンの軍事革命はこれを非公式に目標とするようになる。これがヴィリリオの言う、その後目指されるであろう、「清潔な（死者ゼロの）」戦争のあり方についての結論だった。

しかし皮肉にも、これはアメリカ自身への攻撃に使われてしまった。二〇〇一年の「9・11」である。つまり、アルカイダの自爆テロが行ったのは、まさしく、大量の燃料を積んだジェット機を高層ビルの攻撃へのミサイルとして利用すること、つまり故意の事故を起こすことだったのだから。

「9・11」について、ジジェクも同じことを指摘することになる。すなわち、いまや、戦争は見えないもの、脱実体的なものになったのであり、「不可視となった攻撃による『非物質的』戦争といった幻［中略］の戦争」（五五頁）が起きる時代に入ったのだ、と。

（和田伸一郎）

「新しい戦争」と私たちの関与

ウルリッヒ・ベック（島村賢一訳）『世界リスク社会論――テロ、戦争、自然破壊』
平凡社・二〇〇三年　［ちくま学芸文庫］二〇一〇年

資源の奪い合いと戦争

戦争以外の様々な領域と連動する「新しい戦争」の複雑なあり方について、ウルリッヒ・ベックは一九九六年の講演でいくつかの考えを示している。一つは、生態系の破壊（や資源の奪い合い）が戦争へと発展するケースである。ベックがここで想定しているのは、貧しい国が生き残るために戦争をせざるをえなくなるというケースであるが、その後の歴史が示しているのは、最も豊かな国であるアメリカが自らの覇権のさらなる拡大のために戦争に向かったということである。二〇〇三年以降のイラク戦争では、石油利権の略奪がアメリカにとっての戦争の目的の一つだったことはすでに周知の事実である。

「中断された近代化」

さらにベックは、国家が国内の特定の地域の生態系の破壊を放置しておくことが、ますますの困窮をもたらし、戦争への原因になると指摘している（そこで挙げられているのは、熱帯雨林の伐採、毒物を含んだ廃棄物、老朽化した大テクノロジー［例えば、化学産業、原子力産業、将来的には遺伝子産業］などである［一〇六頁］）。ベックは、以上のような貧困国において生じる可能性のある危険は「中断された近代化」ゆえのものだと述べている。いったん近代化（産業化）が開始されたのはいいが、こうした国々では、先のような「破壊を防ぐための制度的、政治的な方策を持たないままに、環境や生命を危険にさらす技術的可能性を持った産業が成長することにな」（一〇六〜一〇七頁）る、と。

しかし、右の資源の奪い合いのケースと同様、リスクの現実化は貧困国だけでなく先進国でも起こりうる。まさしく二〇一一年、「先進国」日本の東京からそう遠くないフクシマでそれは起き、日本の前近代性が露呈された。講演でのベックによる警告、「わたしたちは生態系の破壊と戦争と中断された近代との相互作用を問わなくてはいけない」（一〇八頁）、という警告は、いまの日本には該当しないかもしれない。しかし、戦争という形をとるとらないに関わらず、犠牲者が存在し、そのほとんどすべてが民間人になっているのは確かだ。これに対して私たち一般市民はどのような態度をもてばいいのか。単に「戦争反対」、「生態系破壊反対」というような簡単な問題ではない。なぜなら生活の基盤となっているものとそれらがつながってしまっている世界に私たちは住んでいるからである。

私たちの「関与」とサブ政治

同じ講演の中で、ベックは、高層ビル、原発などに都市機能が大きく依存するようなリスク社会が、テロの標的になる可能性をもっていると警告していた（一〇八頁）。しかしそれは私たちがすでに知るように二〇〇一年のアメリカの「9・11」で実現してしまった（さらに二〇一一年テロではなく事故という形で日本でリスクが現実化してしまった）。私たちは、こうした都市インフラに恩恵を受けつつ生活している。また、アメリカやいくつかの他の国々にとって戦争は国益に叶うものとみなされており、そうした国際秩序の恩恵を受けつつ私たちは生活している。これを自らに許している限りにおいて、日常生活を営むことそのものにおいて、つねにすでに私たちはリスクに目をつむり、あるいは戦争に賛同し、関与してしまっているのである。では、私たちは戦争を、事故を批判できないのだろうか。

これに対しベックは、「サブ政治」なるものを提起している。それは何か。政治が三つの階層から説明される。まず「上からのグローバル化」がある。ＩＭＦ、世界銀行、Ｇ８などといった国際機関や国際条約があり、その下に国家がある。しかしある時期から「下からのグローバル化」という第三勢力が出現してきた。すなわち、「政治システム、議会制システムの彼方にあり、既存の政治的組織や利益組織を疑問視するような新しい超国家的な行為主体」（一一一頁）である。ベックが挙げているのは、国際ＮＧＯ（グリーンピースなど）である。こうした国際的ＮＧＯは、「代議制的な意思決定の制度（政党、議会）を通り越し、政治的決定にその都度個人が参加すること」（一一六頁）を可能にする限りにおいて、「直接的な」政治となる（＝「サブ政治」）。これは「下からの社会形成なのです」（一一六頁）。

一九八〇年代以降今なお支配的である新自由主義国家では、国家は縮小する一方であり、当てにできなくなっている。他方、国際的機関による諸国家の上からの援助も当てにならない（ＩＭＦや世界銀行が今まで何をしてきたか、あるいは国連の様々なしがらみゆえの迷走を見れば分かる）。さらに、国際ＮＧＯにも役割に限界があるとすれば、下からの民衆による「サブ政治」しかなくなる。

こうなると、国家が運営してきたこれまでの政治が、非政治に転落し、逆に、それまでは国家の運営に任せてきた非政治的だったはずの市民が、政治に向かって反転するのである。

（和田伸一郎）

あとがき

「戦争」に関する研究は、従来、政治学や歴史学で多く扱われてきたが、社会学の方面でも、この種の関心が高まっているように思われる。社会学やマスコミ研究の学会でも、「戦争の記憶」や戦時の言説が報告テーマとして選ばれることは少なくない。二〇〇九年には戦争社会学研究会という準学会組織も発足した。

しかし、方法論や分析手法が多岐にわたるだけに、その共有化はさほど進んでおらず、むしろ専門分化が進行しているようにも思える。その点は私自身とて例外ではない。メディア史・思想史のアプローチには関心があっても、他の分析方法については、半ば耳学問にとどまっているものも少なくない。本書は、こうした思いや反省から、「戦争を社会学する」ための術を可能な範囲で見渡すべく、企画されたものである。

本書の構想は一年ほどで固まったものの、その過程は何かと困難を感じることも多かった。いかなる文献を取り上げるべきか。歴史学や倫理学の分野で書かれた書物を、いかに社会学として位置づけるのか。それらの整理を通して、どのような切り口を浮かびあがらせるのか。編者・編集者で打ち合わせを何度も重ね、議論が朝から夕刻まで及ぶことも珍しくなかった。

われわれ編者にしても、研究者としてはまだまだ「若手」であるだけに（もっとも、実年齢は決して若くはないが）、この分野をどれほど網羅しえるのか、不安もないではなかった。会議のたびに、「なぜ、この種のブックガイドがこれまでなかったのだろう」という冗談交じりの嘆息に至るのが常であった。

本書であげた以外でも、取り上げたい文献もないではなかったが、（広義の）社会学としての位置づけのほか、紙幅の制約もあって、この範囲にとどめることにした。

ただ、それでも、表象分析からシステム論、記憶研究、歴史社会学まで、本書がカバーする範囲は決して小さくはない。限りはあるかもしれないが、「戦争」に知的関心を有する学部生や大学院生に、研究・考察を深めていただく上での手がかりにしていただければ、これにまさる喜びはない。

本書がこうして刊行されるうえでは、短い執筆期間で原稿をお寄せいただいた執筆者の方々の尽力によるものが大きい。この種の本であれば、当初に予定した項目のいくつかは原稿が落ちてしまうことも少なくないが、本書では幸運にもそうしたことがまったくなかった。あらためてご執筆いただいた方々には、厚く御礼申し上げます。

創元社・山口泰生さんと太田明日香さんには、本書の企画段階から編集作業に至るまで、たいへんお世話になった。とくに太田さんには、企画関連の議事・進行管理から、入稿管理、制作業務に至るまで、細かな仕事を一手にお引き受けいただいた。本書が刊行予定を遅れることなく、制作が順調に進んだのは、ひとえに太田さんのご努力によるものである。山口さんにも要所で的確なアドバイスを頂戴した。まことにありがとうございました。

二〇一二年一月

福間良明

参考文献

introduction

・野上元「テーマ別研究動向（戦争・記憶・メディア）——課題設定の時代拘束性を越えられるか?」『社会学評論』第六二巻二号・二〇一一年

・Lang, Kurt, *Military Institution and Sociology of War: a Review of the Literature with Annotated Bibliography*, SAGE, 1972

・Moskos, Chales et al.(eds), *The Postmodern Military: Armed Forces after the Cold War*, Oxford UP, 1999

・高橋三郎「戦争研究と軍隊研究——ミリタリー・ソシオロジーの展望と課題」『思想』六〇五号・一九七四年一一月

第一部 「戦争社会学」への招待
——戦争を社会学的に考えるための12冊

●戦争を社会学する

・ロジェ・カイヨワ（秋枝茂夫訳）『戦争論——われわれの内にひそむ女神ベローナ』法政大学出版局・二〇〇二年（初版は一九七四年）

・マイケル・マン（森本醇・君塚直隆訳）『ソーシャルパワー——社会的な〈力〉の世界歴史2（上・下）』NTT出版・二〇〇五年

●超国家主義

・丸山眞男『増補版　現代政治の思想と行動』未來社・一九六四年

・丸山眞男『丸山眞男戦中備忘録』日本図書センター・一九九七年

・吉本隆明『柳田国男論・丸山真男論』ちくま学芸文庫・二〇〇一年

・植村和秀『丸山眞男と平泉澄——昭和期日本の政治主義』柏書房・二〇〇四年

●戦時国家と社会構想

・筒井清忠『二・二六事件とその時代——昭和期日本の構造』ちくま学芸文庫・二〇〇六年

・マイルズ・フレッチャー（竹内洋・井上義和訳）『知識人とファシズム——近衛新体制と昭和研究会』柏書房・二〇一一年

・有馬学『帝国の昭和（日本の歴史23）』講談社学術文庫・二〇一〇年

・永井和「「テクストの快楽」——筒井清忠著『昭和期日本の構造』についてのノート」『富山大学教養部紀要（人文・社会科学篇）』一九巻一号・一九八六年

●総力戦がもたらす社会変動

・山之内靖、成田龍一、ヴィクター・コシュマン編『総力戦と現代化』柏書房・一九九五年
・山之内靖『システム社会の現代的位相』岩波書店・一九九六年
・高岡裕之『総力戦体制と「福祉国家」――戦時期日本の「社会改革」構想』岩波書店・二〇一一年
・中野敏男『大塚久雄と丸山眞男――動員・主体・戦争責任』青土社・二〇〇一年
・上野千鶴子『ナショナリズムとジェンダー』青土社・一九九八年
・ルイーズ・ヤング（加藤陽子・高光佳絵・古市大輔・川島真・千葉功訳）『総動員帝国――満洲と戦時帝国主義の文化』岩波書店・二〇〇一年

●メディアと総力戦体制

・佐藤卓己『現代メディア史』岩波書店・一九九八年
・セバスチャン・ロファ（古永真一・中島万紀子・原正人訳）『アニメとプロパガンダ――第二次大戦期の映画と政治』法政大学出版局・二〇一一年
・有馬哲夫『日本テレビとCIA――発掘された「正力ファイル」』新潮社・二〇〇六年
・佐藤卓己『言論統制――情報官・鈴木庫三と教育の国防国家』中公新書・二〇〇四年

●戦争と視覚文化

・ポール・ヴィリリオ（石井直志・千葉文夫訳）『戦争と映画――知覚の兵站術』平凡社ライブラリー・一九九九年
・高山宏『近代文化史入門――超英文学講義』講談社学術文庫・二〇〇七年
・野上元「知覚の場としての戦場――体験記述の遠近法」『季刊 d/SIGN』七号・太田出版・二〇〇四年
・大岡昇平『俘虜記』新潮文庫・一九六七年
・ジャン・ボードリヤール（塚原史訳）『湾岸戦争は起こらなかった』紀伊国屋書店・一九九一年
・ブルース・カミングス（渡辺将人訳）『戦争とテレビ』みすず書房・二〇〇四年
・青弓社編集部編『従軍のポリティクス』青弓社・二〇〇四年

●体験を記述する営み

・野上元『戦争体験の社会学――「兵士」という文体』弘文堂・二〇〇六年
・東浩紀『存在論的、郵便的――ジャック・デリダについて』新潮社・一九九八年

●シンボルと大衆ナショナリズム

・ジョージ・L・モッセ（宮武実知子訳）『英霊――創られた世界大戦の記憶』柏書房・二〇〇二年

・マックス・ウェーバー（浜島朗訳）『権力と支配』みすず書房・一九五四年
・佐藤成基「ナショナリズムとファシズム――歴史社会学的考察――」『ソシオロジ』第四六巻第三号・二〇〇二年

●日常のなかの戦場動員
・冨山一郎『増補版　戦場の記憶』日本経済評論社・二〇〇六年
・冨山一郎『近代日本社会と「沖縄人」――「日本人」になるということ』日本経済評論社・一九九〇年
・冨山一郎『暴力の予感――伊波普猷における危機の問題』岩波書店・二〇〇二年
・中野敏男・波平恒男・屋嘉比収・李孝徳編『沖縄の占領と日本の復興――植民地主義はいかに継続したか』青弓社・二〇〇六年
・屋嘉比収『沖縄戦、米軍占領史を学びなおす――記憶をいかに継承するか』世織書房・二〇〇九年

●戦場体験者のコミュニティ
・高橋三郎編『新装版　共同研究・戦友会』インパクト出版会・二〇〇五年
・吉田裕『兵士たちの戦後史（戦争の経験を問う）』岩波書店・二〇一一年
・清水光雄『最後の皇軍兵士――空白の時、戦傷病棟から』現代評論社・一九八五年
・清水寛編『日本帝国陸軍と精神障害兵士』不二出版・二〇〇六年

●兵士たちの戦後と証言の力学
・吉田裕『兵士たちの戦後史（戦争の経験を問う）』岩波書店・二〇一一年
・岩手県農村文化懇談会編『戦没農民兵士の手紙』岩波新書・一九六一年
・高田里惠子『学歴・階級・軍隊――高学歴兵士たちの憂鬱な日常』中公新書・二〇〇八年

●責任追及と自責
・渡辺清『私の天皇観』辺境社・一九八一年
・渡辺清『砕かれた神――ある復員兵の手記』岩波現代文庫・二〇〇四年
・福間良明『殉国と反逆――「特攻」の語りの戦後史』青弓社・二〇〇七年
・福間良明『「戦争体験」の戦後史――世代・教養・イデオロギー』中公新書・二〇〇九年

第二部　戦争を読み解く視角

第一章　戦争・軍隊・社会

●overview
・ジル・ドゥルーズ、フェリックス・ガタリ（宇野邦一・

田中敏彦・小沢秋広訳）『千のプラトー――資本主義と分裂症』河出書房新社・一九九四年
・アントニオ・ネグリ・マイケル・ハート（水嶋一憲・酒井隆史・浜邦彦・吉田俊実訳）『〈帝国〉――グローバル化の世界秩序とマルチチュードの可能性』以文社・二〇〇三年
・栗本英世『未開の戦争、現代の戦争（現代人類学の射程）』岩波書店・一九九九年
・山室信一『複合戦争と総力戦の断層――日本にとっての第一次世界大戦』人文書院・二〇一一年
・河野仁『〈玉砕〉の軍隊、〈生還〉の軍隊――日米兵士が見た太平洋戦争』講談社・二〇〇一年
・檜山良昭『日本本土決戦――昭和20年11月、米軍皇土へ侵攻す！』光文社・一九八一年
・村上龍『五分後の世界』幻冬舎文庫・一九九七年

●戦争の文明史
・マーシャル・マクルーハン、クエンティン・フィオール（広瀬英彦訳）『地球村の戦争と平和』番町書房・一九七二年
・ウィリアム・H・マクニール（高橋均訳）『戦争の世界史――技術と軍隊と社会』刀水書房・二〇〇二年
・マーシャル・マクルーハン（栗原裕・河本仲聖訳）『メディア論――人間の拡張の諸相』みすず書房・一九八七年
・ジャレド・ダイアモンド（倉骨彰訳）『銃・病原菌・鉄（上・下）』草思社・二〇〇〇年

●戦争と近代
・細見和之『「戦後」の思想――カントからハーバマスへ』白水社・二〇〇九年
・村上泰亮『反古典の政治経済学（上・下）』中央公論新社・一九九二年
・最上敏樹『人道的介入――正義の武力行使はあるか』岩波新書・二〇〇一年
・中西寛『国際政治とは何か――地球社会における人間と秩序』中公新書・二〇〇三年

●戦争の二〇世紀
・多木浩二『戦争論』岩波新書・一九九九年
・桜井哲夫『戦争の世紀――第一次世界大戦と精神の危機』平凡社新書・一九九九年
・ミシェル・フーコー（渡辺守章訳）『知への意志』新潮社・一九八六年
・カール・シュミット（田中浩・原田武雄訳）『政治的なものの概念』未來社・一九七〇年

●機関銃の社会史
・ジョン・エリス（越智道雄訳）『機関銃の社会史』平

凡社・一九九三年
・松本仁一『カラシニコフ1・2』朝日新聞社・二〇〇四年・二〇〇六年
・ヴァルター・ベンヤミン（浅井健二郎編訳）「経験と貧困」『ベンヤミン・コレクション2』ちくま学芸文庫・一九九六年
・ロジェ・カイヨワ（秋枝茂夫訳）『戦争論――われわれの内にひそむ女神ベローナ』法政大学出版局・二〇〇二年
・伊勢崎賢治『武装解除――紛争屋が見た世界』講談社現代新書・二〇〇四年

●空爆の社会史

・荒井信一『空爆の歴史――終わらない大量虐殺』岩波新書・二〇〇八年
・前田哲男『戦略爆撃の思想――ゲルニカ―重慶―広島への軌跡』朝日新聞社・一九八八年（［新訂版］凱風社・二〇〇六年）
・田中利幸『空の戦争史』講談社現代新書・二〇〇八年
・山本唯人「ポスト冷戦における東京大空襲と「記憶」の空間をめぐる政治」『歴史学研究』第八七二号・二〇一〇年

●国家のシステムと暴力

・アンソニー・ギデンズ（松尾精文・小幡正敏訳）『国民国家と暴力』而立書房・一九九九年
・畠山弘文『近代・戦争・国家――動員史観序説』文眞堂・二〇〇六年
・ガストン・ブートゥール、ルネ・キャレール（高柳先男訳）『戦争の社会学――戦争と革命の二世紀1740〜1974』中央大学出版部・一九八〇年
・杉田敦編『連続討論「国家」は、いま――福祉・市場・教育・暴力をめぐって』岩波書店・二〇一一年

●戦争とジェンダー／セクシュアリティ

・上野千鶴子『ナショナリズムとジェンダー』青土社・一九九八年
・ジョージ・L・モッセ（佐藤卓己・佐藤八寿子訳）『ナショナリズムとセクシュアリティ――市民道徳とナチズム』柏書房・一九九六年
・シンシア・エンロー（上野千鶴子監訳・佐藤文香訳）『策略――女性を軍事化する国際政治』岩波書店・二〇〇六年
・トーマス・キューネ編（星乃治彦訳）『男の歴史――市民社会と「男らしさ」の神話』柏書房・一九九七年
・敬和学園大学戦争とジェンダー表象研究会編『軍事主義とジェンダー――第二次世界大戦期と現在』イ

ンパクト出版会・二〇〇八年
・佐々木陽子『総力戦と女性兵士』青弓社・二〇〇一年
・ジョージ・L・モッセ（細谷実・小玉亮子・海妻径子訳）『男のイメージ――男性性の創造と近代社会』作品社・二〇〇五年

●近代組織としての軍隊

・ラルフ・プレーヴェ（阪口修平監訳・丸畠宏太・鈴木直志訳）『19世紀ドイツの軍隊・国家・社会』創元社・二〇一〇年
・スタニスラフ・アンジェイエフスキー（坂井達朗訳）『軍事組織と社会』新曜社・二〇〇四年
・阪口修平・丸畠宏太編『軍隊（近代ヨーロッパの探求12）』ミネルヴァ書房・二〇〇九年

●軍事エリートの社会学

・山口定『ナチ・エリート――第三帝国の権力構造』中公新書・一九七六年
・永井和『近代日本の軍部と政治』思文閣出版・一九九三年
・広田照幸『陸軍将校の教育社会史――立身出世と天皇制』世織書房・一九九七年
・竹内洋『学歴貴族の栄光と挫折（日本の近代12）』中央公論新社・一九九九年

●失敗の本質

・戸部良一・寺本義也・鎌田伸一・杉之尾孝生・村井友秀・野中郁次郎『失敗の本質――日本軍の組織論的研究』ダイヤモンド社・一九八四年
・亀井宏『ガダルカナル戦記　全三巻』光人社・一九八〇年
・戸部良一『逆説の軍隊（日本の近代9）』中央公論新社・一九九八年

●徴兵制

・大江志乃夫『徴兵制』岩波新書・一九八一年
・一ノ瀬俊也『近代日本の徴兵制と社会』吉川弘文館・二〇〇四年
・尹載善『韓国の軍隊――徴兵制は社会に何をもたらしているか』中公新書・二〇〇四年
・金東椿（金美恵・崔真碩・崔徳孝・趙慶喜・鄭栄桓訳）『朝鮮戦争の社会史――避難・占領・虐殺』平凡社・二〇〇八年

●日本の軍隊

・吉田裕『日本の軍隊――兵士たちの近代史』岩波新書・二〇〇二年
・飯塚浩二『日本の軍隊』岩波現代文庫・二〇〇三年
・棟田博『拝啓天皇陛下様――庶民派作家が描く兵隊人情の世界』光文社ＮＦ文庫・一九九六年

・片岡徹也編『軍事の事典』東京堂出版・二〇〇九年

●入営と錬成

・一ノ瀬俊也『皇軍兵士の日常生活』講談社現代新書・二〇〇九年
・一ノ瀬俊也『明治・大正・昭和軍隊マニュアル――人はなぜ戦場へ行ったのか』光文社新書・二〇〇四年
・原田敬一『国民軍の神話――兵士になるということ』吉川弘文館・二〇〇一年
・大牟羅良「軍隊は官費の人生道場!?」（大浜徹也編『近代民衆の記録8　兵士』新人物往来社・一九七八年）
・渡辺清『海の城――海軍少年兵の手記』朝日新聞社・一九八二年

●女性動員から女性兵士へ

・加納実紀代『増補新版　女たちの「銃後」』インパクト出版会・一九九五年
・佐々木陽子『総力戦と女性兵士』青弓社・二〇〇一年
・佐藤文香『軍事組織とジェンダー――自衛隊の女性たち』慶應義塾大学出版会・二〇〇四年
・上野千鶴子『ナショナリズムとジェンダー』青土社・一九九八年
・シンシア・エンロー（上野千鶴子監訳・佐藤文香訳）『策略――女性を軍事化する国際政治』岩波書店・二〇〇六年
・敬和学園大学戦争とジェンダー表象研究会編『軍事主義とジェンダー――第二次世界大戦期と現在』インパクト出版会・二〇〇八年

●軍隊と地域

・河西英通『せめぎあう地域と軍隊――「末端」「周縁」軍都・高田の模索（戦争の経験を問う）』岩波書店・二〇一〇年
・大門正克『民衆の教育経験――農村と都市の子ども』青木書店・二〇〇〇年
・上山和雄編『帝都と軍隊――地域と民衆の視点から』日本経済評論社・二〇〇二年
・本康宏史『軍都の慰霊空間――国民統合と戦死者たち』吉川弘文館・二〇〇二年
・坂根嘉弘編『軍港都市史研究1　舞鶴編』清文堂出版・二〇一〇年
・藤井忠俊『在郷軍人会――良兵良民から赤紙・玉砕へ』岩波書店・二〇〇九年
・熊本近代史研究会編『第六師団と軍都熊本』熊本出版文化会館・二〇一一年

●銃後としての地域社会

・一ノ瀬俊也『故郷はなぜ兵士を殺したか』角川選書・

二〇一〇年
・板垣邦子『日米決戦下の格差と平等――銃後信州の食糧・疎開』吉川弘文館・二〇〇八年

●戦場と住民

・大城将保『改訂版　沖縄戦――民衆の眼でとらえる［戦争］』高文研・一九八八年
・石原俊『近代日本と小笠原諸島――移動民の島々と帝国』平凡社・二〇〇七年
・林博史『沖縄戦――強制された「集団自決」』吉川弘文館・二〇〇九年
・石原昌家『虐殺の島――皇軍と臣民の末路』晩聲社・一九七八年
・石原昌家『証言・沖縄戦――戦場の光景』青木書店・一九八四年
・安仁屋政昭『沖縄戦のはなし』沖縄文化社・一九九七年
・林博史『沖縄戦と民衆』大月書店・二〇〇一年
・太田良博『戦争への反省（太田良博著作集３）』ボーダーインク・二〇〇五年
・山口誠『グアムと日本人――戦争を埋立てた楽園』岩波新書・二〇〇七年
・NHK取材班編『硫黄島玉砕戦――生還者たちが語る真実』日本放送出版協会・二〇〇七年
・宮城晴美『新版　母の遺したもの――沖縄・座間味島「集団自決」の新しい事実』高文研・二〇〇八年
・石原俊「そこに社会があった――硫黄島の地上戦と〈島民〉たち」『未来心理』一五号・二〇〇九年
・林博史『沖縄戦が問うもの』大月書店・二〇一〇年

第二章　戦時下の文化――知・メディア・大衆文化

●overview

・佐藤卓己『言論統制――情報官・鈴木庫三と教育の国防国家』中公新書・二〇〇四年
・佐藤卓己「戦後世論の成立――言論統制から世論調査へ」『思想』二〇〇五年一二月
・小熊英二『〈日本人〉の境界――沖縄・アイヌ・台湾・朝鮮　植民地支配から復帰運動まで』新曜社・一九九八年
・福間良明『辺境に映る日本――ナショナリティの融解と再構築』柏書房・二〇〇三年
・福間良明・難波功士・谷本奈穂編『博覧の世紀――消費／ナショナリティ／メディア』梓出版社・二〇〇九年
・有馬学『帝国の昭和（日本の歴史23）』講談社・二〇〇二年
・マイルズ・フレッチャー（竹内洋・井上義和訳）『知

識人とファシズム――近衛新体制と昭和研究会』柏書房・二〇一一年
・井上義和「戦時体制下の保守主義的思想運動――日本学生協会と精神科学研究所を中心に」『日本史研究』五八〇号・二〇一〇年
・思想の科学研究会編『改訂増補版復刊 共同研究 転向』平凡社・二〇〇〇年
・鶴見俊輔『戦時期日本の精神史――1931～1945年』岩波現代文庫・二〇〇一年
・鶴見俊輔「戦争と日本人」『鶴見俊輔著作集5』筑摩書房、一九七六年（初出は一九六八年）
●体制下の公共性
・佐藤卓己『『キング』の時代――国民大衆雑誌の公共性』岩波書店・二〇〇二年
・ヴィクトリア・デ・グラツィア（豊下楢彦・高橋進・後房雄・森川貞夫訳）『柔らかいファシズム――イタリア・ファシズムと余暇の組織化』有斐閣選書・一九八九年
・ヘルムート・カラゼク（瀬川裕司訳）『ビリー・ワイルダー自作自伝』文藝春秋・一九九六年
・佐藤卓己『歴史学（ヒューマニティーズ）』岩波書店・二〇〇九年
●日本主義とは何だったのか
・竹内洋・佐藤卓己編『日本主義的教養の時代――大学批判の古層』柏書房・二〇〇六年
・井上義和『日本主義と東京大学――昭和期学生思想運動の系譜』柏書房・二〇〇八年
・昆野伸幸『近代日本の国体論――〈皇国史観〉再考』ぺりかん社・二〇〇八年
・長谷川亮一『「皇国史観」という問題――十五年戦争期における文部省の修史事業と思想統制政策』白澤社・二〇〇八年
・井上義和「戦時体制下の保守主義的思想運動――日本学生協会と精神科学研究所を中心に」『日本史研究』五八〇号・二〇一〇年
・芹沢一也・荻上チキ編『日本思想という病――なぜこの国は行きづまるのか？』光文社・二〇一〇年。
●「帝国」の視線と自己像
・酒井直樹、ブレッド・ド・バリー、伊豫谷登士翁編『ナショナリティの脱構築』柏書房・一九九六年
・坂野徹『帝国日本と人類学者――一八八四‐一九五二年』勁草書房・二〇〇五年
・エドワード・W・サイード（今沢紀子訳）『オリエンタリズム（上・下）』平凡社ライブラリー・一九九三年
・小熊英二『単一民族神話の起源――〈日本人〉の自

画像の系譜』新曜社・一九九五年
・小熊英二『〈日本人〉の境界——沖縄・アイヌ・台湾・朝鮮 植民地支配から復帰運動まで』新曜社・一九九八年

●戦意高揚とマスメディア
・竹山昭子『史料が語る太平洋戦争下の放送』世界思想社・二〇〇五年
・今西光男『新聞資本と経営の昭和史——朝日新聞筆政・緒方竹虎の苦悩』朝日選書・二〇〇七年
・津金澤聰廣・有山輝雄編『戦時期日本のメディア・イベント』世界思想社・一九九八年

●大衆宣伝
・大田昌秀『沖縄戦下の米日心理作戦』岩波書店・二〇〇四年
・山本武利『ブラック・プロパガンダ——謀略のラジオ』岩波書店・二〇〇二年
・小林聡明『在日朝鮮人のメディア空間——GHQ占領期における新聞発行とそのダイナミズム』風響社・二〇〇七年
・ポール・M・A・ラインバーガー（須磨彌吉郎訳）『心理戦争』みすず書房・一九五三年

●戦時の娯楽
・古川隆久『戦時下の日本映画——人々は国策映画を観たか』吉川弘文館・二〇〇三年
・ピーター・B・ハーイ『帝国の銀幕——十五年戦争と日本映画』名古屋大学出版会・一九九五年
・加藤厚子『総動員体制と映画』新曜社・二〇〇三年
・西條八十「唄の自叙伝」『西條八十全集 第17巻』国書刊行会・二〇〇七年
・佐藤卓己『『キング』の時代——国民大衆雑誌の公共性』岩波書店・二〇〇二年
・瀬川裕司『ナチ娯楽映画の世界』平凡社・二〇〇〇年
・津金澤聰廣・有山輝雄編『戦時期日本のメディア・イベント』世界思想社・一九九八年
・ピーター・B・ハーイ「菊池寛と革新官僚の雑誌『日本映画』」長田謙一編『戦争と表象／美術——20世紀以後記録集』美学出版・二〇〇七年

●軍神・英雄の肖像
・山室建徳『軍神——近代日本が生んだ「英雄」たちの軌跡』中公新書・二〇〇七年
・多木浩二『天皇の肖像』岩波現代文庫・二〇〇二年
・上野英信『天皇陛下萬歳——爆弾三勇士序説』洋泉社新書・二〇〇七年
・平瀬礼太『銅像受難の近代』吉川弘文館・二〇一一年

●敵のイメージ
・ジョン・W・ダワー（猿谷要監修・斎藤元一訳）『容赦なき戦争――太平洋戦争における人種差別』平凡社ライブラリー・二〇〇一年
・サム・キーン（佐藤卓己・佐藤八寿子訳）『敵の顔――憎悪と戦争の心理学』柏書房・一九九四年
・ジョン・W・ダワー（三浦陽一・高杉忠明訳）『増補版 敗北を抱きしめて――第二次大戦後の日本人（上）』／（三浦陽一・高杉忠明・田代泰子訳）『増補版 敗北を抱きしめて――第二次大戦後の日本人（下）』岩波書店・二〇〇四年
・エドワード・W・サイード（浅井信雄・岡真理・佐藤成文訳）『増補版　イスラム報道』みすず書房・二〇〇三年

●身体への照準
・坂上康博『権力装置としてのスポーツ――帝国日本の国家戦略』講談社選書メチエ・一九九八年
・坂上康博・高岡裕之編『幻の東京オリンピックとその時代――戦時期のスポーツ・都市・身体』青弓社・二〇〇九年
・高井昌吏・古賀篤『健康優良児とその時代――健康というメディア・イベント』青弓社・二〇〇八年
・黒田勇『ラジオ体操の誕生』青弓社・一九九九年

●戦争と平準化
・井上雅人『洋服と日本人――国民服というモード』廣済堂出版・二〇〇一年
・祐成保志『〈住宅〉の歴史社会学――日常生活をめぐる啓蒙・動員・産業化』新曜社・二〇〇八年
・大政翼賛会文化部編『新生活と住まひ方』翼賛図書刊行会・一九四二年
・橋本毅彦『〈標準〉の哲学――スタンダード・テクノロジーの三〇〇年』講談社選書メチエ・二〇〇二年

●戦時下の日常
・喜多村理子『徴兵・戦争と民衆』吉川弘文館・一九九九年
・乾淑子編『戦争のある暮らし』水声社・二〇〇八年

●女性イメージの変容
・若桑みどり『戦争がつくる女性像――第二次世界大戦下の日本女性動員の視覚的プロパガンダ』ちくま学芸文庫・二〇〇〇年
・石田あゆう「一九三一～一九四五年化粧品広告にみる女性美の変遷」『マス・コミュニケーション研究』六五号・二〇〇四年
・田島奈都子「戦時下の商業ポスター――宣伝《プロパガンダ》を担った広告《アドバタイジング》の一側面」『アジア遊学』百十一号・二〇〇八年七月

・乾淑子編『図説着物柄にみる戦争』インパクト出版会・二〇〇七年

●「聖戦」「正戦」の綻び

・川村邦光『聖戦のイコノグラフィ――天皇と兵士・戦死者の図像・表象（越境する近代1）』青弓社・二〇〇七年
・マリタ・スターケン（岩崎稔・杉山茂・千田有紀・高橋明史・平山陽洋訳）『アメリカという記憶――ベトナム戦争、エイズ、記念碑的表象』未來社・二〇〇四年
・平敷安常『キャパになれなかったカメラマン――ベトナム戦争の語り部たち（上）』講談社、二〇〇八年
・ヴィッキ・ゴールドバーグ（別宮貞徳監訳）『パワーオヴフォトグラフィ――写真が世界を動かした（上・下）』淡交社・一九九七年

●戦時下の抵抗

・同志社大学人文科学研究所編『新装版　戦時下抵抗の研究――キリスト者・自由主義者の場合Ⅰ・Ⅱ』みすず書房・一九七八年
・家永三郎『太平洋戦争』岩波現代文庫・二〇〇二年
・阿部知二『良心的兵役拒否の思想』岩波新書・一九六九年
・市川ひろみ『兵役拒否の思想――市民的不服従の理念と展開』明石書店・二〇〇七年
・稲垣真美『兵役を拒否した日本人――灯台社の戦時下抵抗』岩波新書・一九七二年

●占領はいかに受容されたか

・ジョン・W・ダワー（三浦陽一・高杉忠明訳）『増補版　敗北を抱きしめて――第二次世界大戦後の日本人（上）』／（三浦陽一・高杉忠明・田代泰子訳）『増補版　敗北を抱きしめて――第二次世界大戦後の日本人（下）』岩波書店・二〇〇四年
・マイク・モラスキー（鈴木直子訳）『占領の記憶／記憶の占領――戦後沖縄・日本とアメリカ』青土社・二〇〇六年
・袖井林二郎『占領した者された者――日米関係の原点を考える』サイマル出版会・一九八六年
・思想の科学研究会編『共同研究　日本占領』徳間書店・一九七二年
・思想の科学研究会編『共同研究　日本占領軍その光と影（上・下）』徳間書店・一九七八年

第三章　体験の理解と記憶の解釈

●overview

・吉田裕『兵士たちの戦後史（戦争の経験を問う）』岩波書店・二〇一一年

・竹内洋『革新幻想の戦後史』中央公論新社・二〇一一年
・佐藤卓己『輿論と世論――日本的民意の系譜学』新潮選書・二〇〇八年
・高橋哲哉編『〈歴史認識〉論争』作品社・二〇〇二年
・北村毅『死者たちの戦後誌――沖縄戦跡をめぐる人びとの記憶』御茶の水書房・二〇〇九年

●戦争体験への固執

・安田武『戦争体験――一九七〇年への遺書』未來社・一九六三年
・安田武『人間の再建――戦中派・その罪責と矜恃』筑摩書房・一九六九年
・吉田満（保阪正康編）『「戦艦大和」と戦後　吉田満文集』ちくま学芸文庫・二〇〇五年
・大城立裕『同化と異化のはざまで』潮出版社・一九七二年
・福間良明『「戦争体験」の戦後史――世代・教養・イデオロギー』中公新書・二〇〇九年

●体験者の心情を読み解く

・森岡清美『補訂版　決死の世代と遺書――太平洋戦争末期の若者の生と死』吉川弘文館・一九九三年
・森岡清美『若き特攻隊員と太平洋戦争――その手記と群像』吉川弘文館・一九九五年
・日本戦没学生記念会編『新版　きけ　わだつみのこえ――日本戦没学生の手記』岩波文庫・一九九五年
・小田切秀雄・窪木安久編『日本戦没学生の遺書』読売新聞社・一九七〇年

●記憶と忘却

・米山リサ（小沢弘明・小澤祥子・小田島勝浩訳）『広島　記憶のポリティクス』岩波書店・二〇〇五年
・山口誠『グアムと日本人――戦争を埋立てた楽園』岩波新書・二〇〇七年
・福間良明『焦土の記憶――沖縄・広島・長崎に映る戦後』新曜社・二〇一一年

●終戦・敗戦の記憶

・佐藤卓己『八月十五日の神話――終戦記念日のメディア学』ちくま新書・二〇〇五年
・生井英考『負けた戦争の記憶――歴史のなかのヴェトナム戦争』三省堂・二〇〇〇年
・五十嵐恵邦『敗戦の記憶――身体・文化・物語1945-1970』中央公論新社・二〇〇七年
・袖井林二郎『拝啓マッカーサー元帥様――占領下の日本人の手紙』岩波現代文庫・二〇〇二年

●植民・引揚げと「帝国」の記憶

・蘭信三『「満州移民」の歴史社会学』行路社・一九九四年

・坂部晶子『「満洲」経験の社会学――植民地の記憶のかたち』世界思想社・二〇〇八年
・若槻泰雄『新版　戦後引揚げの記録』時事通信社・一九九五年

●トラウマとしての戦争体験

・下河辺美知子『トラウマの声を聞く――共同体の記憶と歴史の未来』みすず書房・二〇〇六年
・森茂起『トラウマの発見』講談社選書メチエ・二〇〇五年
・キャシー・カルース（下河辺美知子訳）『トラウマ・歴史・物語――持ち主なき出来事』みすず書房・二〇〇五年

●体験の記述を読み解く

・川村湊、成田龍一、上野千鶴子、奥泉光、イ・ヨンスク、井上ひさし、高橋源一郎『戦争はどのように語られてきたか』朝日新聞社・一九九九年
・開高健『紙の中の戦争』岩波書店・一九九六年

●戦争体験言説の戦後史

・高橋三郎『「戦記もの」を読む――戦争体験と戦後日本社会』アカデミア出版会・一九八八年
・成田龍一『「戦争経験」の戦後史――語られた体験／証言／記憶』岩波書店・二〇一〇年
・與那覇潤『帝国の残影――兵士・小津安二郎の昭和史』NTT出版・二〇一一年
・成田龍一『増補版〈歴史〉はいかに語られるか――一九三〇年代「国民の物語」批判』ちくま学芸文庫・二〇一〇年
・絓秀実『1968年』ちくま新書・二〇〇六年
・小熊英二『1968（上・下）』新曜社・二〇〇九年

●戦争観の変容

・吉田裕『日本人の戦争観――戦後史のなかの変容』岩波書店・一九九五年（〔岩波現代文庫〕二〇〇五年）
・油井大三郎『日米　戦争観の相剋――摩擦の深層心理』岩波書店・一九九五年（〔岩波現代文庫〕『なぜ戦争観は衝突するか――日本とアメリカ』二〇〇七年）

●戦後思想と戦争体験

・小熊英二『〈民主〉と〈愛国〉――戦後日本のナショナリズムと公共性』新曜社・二〇〇二年
・大門正克編『昭和史論争を問う――歴史を叙述することの可能性』日本経済評論社・二〇〇六年
・和田春樹『朝鮮戦争全史』岩波書店・二〇〇二年
・大嶽秀夫『再軍備とナショナリズム――戦後日本の防衛観』講談社学術文庫・二〇〇五年

●戦争体験の継承と断絶

・浜日出夫編『戦後日本における市民意識の形成――戦

争体験の世代間継承』慶應義塾大学出版会・二〇〇八年
・桜井厚・山田富秋・藤井泰編『過去を忘れない――語り継ぐ経験の社会学』せりか書房・二〇〇八年
・関沢まゆみ編『戦争記憶論――忘却、変容そして継承』昭和堂・二〇一〇年

●メディアの機能と語りの位相差

・福間良明『「反戦」のメディア史――戦後日本における世論と輿論の拮抗』世界思想社・二〇〇六年
・福間良明『殉国と反逆――「特攻」の語りの戦後史（越境する近代3）』青弓社・二〇〇七年
・佐藤卓己『輿論と世論――日本的民意の系譜学』新潮選書・二〇〇八年
・中久郎編『戦後日本のなかの「戦争」』世界思想社・二〇〇四年
・高井昌吏編『「反戦」と「好戦」のポピュラー・カルチャー――メディア／ジェンダー／ツーリズム』人文書院・二〇一一年

●戦争遺跡と文化遺産

・荻野昌弘編『文化遺産の社会学――ルーヴル美術館から原爆ドームまで』新曜社・二〇〇二年
・本康宏史『軍都の慰霊空間――国民統合と戦死者たち』吉川弘文館・二〇〇二年
・戦争遺跡保存全国ネットワーク編『日本の戦争遺跡保存版ガイド』平凡社新書・二〇〇四年

●戦争博物館・平和祈念館の社会学

・歴史教育者協議会編『増補版　平和博物館・戦争資料館ガイドブック』青木書店・二〇〇四年
・金子淳『博物館の政治学』青弓社・二〇〇一年
・浜日出夫「歴史はいかにして作られるか――博物館の文法・博物館のリテラシー」『社会学ジャーナル』二三号・一九九八年
・塚田修一「日露戦争の記憶の〝敗戦後〟史――横須賀・記念艦「三笠」を中心に」『慶應義塾大学大学院社会学研究科紀要』六九号・二〇〇一年
・飯田則夫『TOKYO軍事遺跡』交通新聞社・二〇〇五年

●「被害」と「加害」の架橋

・小田実『「難死」の思想』岩波現代文庫・二〇〇八年
・川口隆行『増補版　原爆文学という問題領域』創言社・二〇一一年
・小田実『HIROSHIMA』講談社文芸文庫・一九九七年
・石原吉郎『望郷と海』筑摩書房・一九七二年
・栗原貞子『ヒロシマというとき』三一書房・一九七六年

●「断絶」の錯綜と世代

・福間良明『「戦争体験」の戦後史――世代・教養・イデオロギー』中公新書・二〇〇九年
・福間良明『焦土の記憶――沖縄・広島・長崎に映る戦後』新曜社・二〇一一年
・岡本恵徳「水平軸の発想――沖縄の「共同体意識」について」『現代沖縄の文学と思想』沖縄タイムス社・一九八一年
・嶋津与志『沖縄戦を考える』ひるぎ社・一九八三年
・大城立裕『同化と異化のはざまで』潮出版社・一九七二年
・佐藤卓己・孫安石編『東アジアの終戦記念日――敗北と勝利のあいだ』ちくま新書・二〇〇七年
・山田かん『長崎原爆・論集』本多企画・二〇〇一年
・松元寛『ヒロシマという思想――「死なないために」ではなく「生きるために」』東京創元社・一九九五年

第四章　戦争の〈現在〉――歴史の重みと不透明な未来

●overview

・山上正太郎『第一次世界大戦――忘れられた戦争』講談社学術文庫・二〇一〇年
・青弓社編集部編『従軍のポリティクス』青弓社・二〇〇四年
・P・W・シンガー（山崎淳訳）『戦争請負会社』日本放送出版協会・二〇〇四年
・高木徹『ドキュメント戦争広告代理店――情報操作とボスニア紛争』講談社文庫・二〇〇五年

●戦争報道

・フィリップ・ナイトリー（芳地昌三訳）『戦争報道の内幕――隠された真実』中公文庫・二〇〇四年
・橋本晃『国際紛争のメディア学』青弓社・二〇〇六年
・武田徹『戦争報道』ちくま新書・二〇〇三年
・木下和寛『メディアは戦争にどうかかわってきたか――日露戦争から対テロ戦争まで』朝日選書・二〇〇五年

●責任と倫理

・加藤尚武『戦争倫理学』ちくま新書・二〇〇三年
・三浦俊彦『戦争論理学――あの原爆投下を考える62問』二見書房・二〇〇八年
・加藤典洋・橋爪大三郎・竹田青嗣『天皇の戦争責任』径書房・二〇〇〇年

●日本の戦争責任

・家永三郎『戦争責任』岩波現代文庫・二〇〇二年
・大沼保昭『東京裁判、戦争責任、戦後責任』東信堂・二〇〇七年

・金富子・中野敏男編『歴史と責任――「慰安婦」問題と一九九〇年代』青弓社・二〇〇八年
・大沼保昭『戦争責任論序説――「平和に対する罪」の形成過程におけるイデオロギー性と拘束性』東京大学出版会・一九七五年
・内海愛子『朝鮮人ＢＣ級戦犯の記録』勁草書房・一九八二年
・吉見義明『従軍慰安婦』岩波新書・一九九五年
・藤原彰『南京の日本軍――南京大虐殺とその背景』大月書店・一九九七年
・ＶＡＷＷ-ＮＥＴジャパン・西野瑠美子・金富子編『裁かれた戦時性暴力――「日本軍性奴隷制を裁く女性国際戦犯法廷」とは何であったか』白澤社・二〇〇一年
・杉原達『中国人強制連行』岩波新書・二〇〇二年
・岩崎稔・中野敏男・大川正彦・李孝徳編『継続する植民地主義――ジェンダー／民族／人種／階級』青弓社・二〇〇五年
・荒井信一『戦争責任論――現代史からの問い』岩波現代文庫・二〇〇五年
・山田昭次・古庄正・樋口雄一『朝鮮人戦時労働動員』岩波書店・二〇〇五年

●戦死者のゆくえ

・川村邦光編『戦死者のゆくえ――語りと表象から』青弓社・二〇〇三年
・今井昭彦『近代日本と戦死者祭祀』東洋書林・二〇〇五年
・岩田重則『戦死者霊魂のゆくえ――戦争と民俗』吉川弘文館・二〇〇三年
・矢野敬一『慰霊・追悼・顕彰の近代』吉川弘文館・二〇〇六年
・北村毅『死者たちの戦後誌――沖縄戦跡をめぐる人びとの記憶』御茶の水書房・二〇〇九年
・田中丸勝彦著・重信幸彦・福間裕爾編『さまよえる英霊たち――国のみたま、家のほとけ』柏書房・二〇〇二年
・西村明『戦後日本と戦争死者慰霊――シズメとフルイのダイナミズム』有志舎・二〇〇六年

●靖国問題の戦後史

・赤澤史朗『靖国神社――せめぎあう〈戦没者追悼〉のゆくえ』岩波書店・二〇〇五年
・高橋哲哉『靖国問題』ちくま新書・二〇〇五年
・三土修平『靖国問題の原点』日本評論社・二〇〇五年
・赤江達也「政教分離訴訟の生成と変容――戦後日本における市民運動と『戦争体験』」浜日出夫編『戦後

日本における市民意識の形成――戦争体験の世代間継承』慶應義塾大学出版会・二〇〇八年

●語りえぬものと証言・証拠

・ソール・フリードランダー編（上村忠男・小沢弘明・岩崎稔訳）『アウシュヴィッツと表象の限界』未來社・一九九四年

・高橋哲哉『記憶のエチカ――戦争・哲学・アウシュヴィッツ』岩波書店・一九九五年

・笠原十九司『南京事件論争史――日本人は史実をどう認識してきたか』平凡社新書・二〇〇七年

●冷戦と表象

・スーザン・ソンタグ（北條文緒訳）『他者の苦痛へのまなざし』みすず書房・二〇〇三年

・ジャン・ボードリヤール（塚原史訳）『復刊版　湾岸戦争は起こらなかった』紀伊國屋書店・二〇〇〇年

・ポール・ヴィリリオ（石井直志・千葉文夫訳）『戦争と映画――知覚の兵站術』平凡社ライブラリー・一九九九年

●冷戦と世界内戦

・カール・シュミット（新田邦夫訳）『パルチザンの理論――政治的なものの概念についての中間所見』ちくま学芸文庫・一九九五年

・レイモン・アロン（佐藤毅夫・中村五雄訳）『戦争を考える――クラウゼヴィッツと現代の戦略』政治広報センター・一九七八年

・古賀敬太『シュミット・ルネッサンス――カール・シュミットの概念的思考に即して』風行社・二〇〇七年

●大衆文化と戦争の痕跡

・好井裕明『ゴジラ・モスラ・原水爆――特撮映画の社会学』せりか書房・二〇〇七年

・吉村和真・福間良明編『「はだしのゲン」がいた風景――マンガ・戦争・記憶』梓出版社・二〇〇六年

●ポップな戦争

・中久郎編『戦後日本のなかの「戦争」』世界思想社・二〇〇四年

・佐藤卓己編、日本ナチ・カルチャー研究会著『ヒトラーの呪縛』飛鳥新社・二〇〇〇年

・富野由悠季「『機動戦士ガンダム』の作者の戦後――戦争を語る言葉がない時代を憂う」『中央公論』二〇一〇年九月

●これは「戦争」か

・ポール・ヴィリリオ（河村一郎訳）『幻滅への戦略――グローバル情報支配と警察化する戦争』青土社・二〇〇〇年

・スラヴォイ・ジジェク（長原豊訳）『「テロル」と戦争

――『〈現実界〉の砂漠へようこそ』青土社・二〇〇三年
・メアリー・カルドー（山本武彦・渡部正樹訳）『新戦争論――グローバル時代の組織的暴力』岩波書店・二〇〇三年

● 「新しい戦争」と私たちの関与

・ウルリッヒ・ベック（島村賢一訳）『世界リスク社会論――テロ、戦争、自然破壊』ちくま学芸文庫・二〇一〇年

索引

【あ行】

【か行】

【さ行】

索引

【な行】

【は行】

【ま行】

【や行】

【ら行】

【わ行】

【A～Z】

執筆者一覧（五〇音順）

青木秀男［あおき　ひでお］　NPO法人社会理論・動態研究所所長
赤江達也［あかえ　たつや］　国立高雄第一科技大学助理教授
赤上裕幸［あかがみ　ひろゆき］　大阪国際大学人間科学部講師
石田あゆう［いしだ　あゆう］　桃山学院大学社会学部准教授
石原俊［いしはら　しゅん］　明治学院大学社会学部准教授
一ノ瀬俊也［いちのせ　としや］　埼玉大学教養学部准教授
井上義和［いのうえ　よしかず］　関西国際大学人間科学部准教授
岩間優希［いわま　ゆうき］　立命館大学衣笠総合研究機構ポストドクトラルフェロー
植村和秀［うえむら　かずひで］　京都産業大学法学部教授
内田隆三［うちだ　りゅうぞう］　東京大学大学院総合文化研究科教授
遠藤知巳［えんどう　ともみ］　日本女子大学人間社会学部教授
荻野昌弘［おぎの　まさひろ］　関西学院大学社会学部教授
川口隆行［かわぐち　たかゆき］　広島大学大学院教育学研究科准教授
河崎吉紀［かわさき　よしのり］　同志社大学社会学部准教授
河西英通［かわにし　ひでみち］　広島大学大学院文学研究科教授
川村邦光［かわむら　くにみつ］　大阪大学大学院文学研究科教授
菊池哲彦［きくち　あきひろ］　尚絅学院大学総合人間科学部准教授
木村至聖［きむら　しせい］　甲南女子大学人間科学部講師
木村豊［きむら　ゆたか］　慶應義塾大学大学院社会学研究科後期博士課程
小林聡明［こばやし　そうめい］　東京大学大学院総合文化研究科学術研究員
坂部晶子［さかべ　しょうこ］　島根県立大学総合政策学部准教授
佐藤成基［さとう　しげき］　法政大学社会学部准教授
佐藤卓己［さとう　たくみ］　京都大学大学院教育学研究科准教授
佐藤文香［さとう　ふみか］　一橋大学大学院社会学研究科准教授
祐成保志［すけなり　やすし］　信州大学人文学部准教授
鈴木直志［すずき　ただし］　桐蔭横浜大学法学部教授
鈴木智之［すずき　ともゆき］　法政大学社会学部教授
高井昌吏［たかい　まさし］　桃山学院大学社会学部准教授
趙慶喜［ちょう　きょんひ］　韓国・聖公会大学東アジア研究所研究教授
塚田修一［つかだ　しゅういち］　慶應義塾大学大学院社会学研究科単位取得退学
直野章子［なおの　あきこ］　九州大学大学院比較社会文化研究院准教授
南衣映［なむ　うよん］　東京大学大学院学際情報学府博士後期課程
成田龍一［なりた　りゅういち］　日本女子大学人間社会学部教授
難波功士［なんば　こうじ］　関西学院大学社会学部教授
新倉貴仁［にいくら　たかひと］　日本学術振興会特別研究員
橋爪大三郎［はしづめ　だいさぶろう］　東京工業大学大学院社会理工学研究科教授
浜日出夫［はま　ひでお］　慶應義塾大学文学部教授
山口誠［やまぐち　まこと］　関西大学社会学部准教授
山本昭宏［やまもと　あきひろ］　日本学術振興会特別研究員
山本唯人［やまもと　ただひと］　（公財）政治経済研究所付属東京大空襲・戦災資料センター主任研究員
與那覇潤［よなは　じゅん］　愛知県立大学日本文化学部准教授
和田伸一郎［わだ　しんいちろう］　中部大学人文学部准教授

■編者略歴

野上元［のがみ　げん］

1971年生まれ。筑波大学大学院人文社会科学研究科准教授。東京大学大学院人文社会系研究科社会文化研究専攻修了。博士（社会情報学）。専門は歴史社会学・社会情報学。

著書に『戦争体験の社会学――「兵士」という文体』（弘文堂・2006年）、共編著に『カルチュラル・ポリティクス1960／70』（せりか書房・2005年）、共著に『岩波講座アジア・太平洋戦争2　戦争の政治学』（岩波書店・2005年）等がある。

福間良明［ふくま　よしあき］

1969年生まれ。立命館大学産業社会学部准教授。京都大学大学院人間・環境学研究科博士課程修了。博士（人間・環境学）。専門は歴史社会学・メディア史。

『「反戦」のメディア史――戦後日本における世論と輿論の拮抗』（世界思想社・2006年）で第1回内川芳美記念マス・コミュニケーション学会賞を受賞。著書に『「戦争体験」の戦後史――世代・教養・イデオロギー』（中公新書・2009年）、『焦土の記憶――沖縄・広島・長崎に映る戦後』（新曜社・2011年）等がある。

装　　丁　椿屋事務所
本文組版　中原 航
編　　集　太田明日香

戦争社会学《せんそうしゃかいがく》ブックガイド
現代世界《げんだいせかい》を読《よ》み解《と》く132冊《さつ》

2012年3月10日第1版第1刷　発行

編　者　野上元／福間良明
発行者　矢部敬一
発行所　株式会社 創元社
http://www.sogensha.co.jp
本社　〒541-0047 大阪市中央区淡路町4-3-6
Tel.06-6231-9010 Fax.06-6233-3111
東京支店　〒162-0825 東京都新宿区神楽坂4-3　煉瓦塔ビル
Tel.03-3269-1051
印刷所　株式会社 太洋社

ISBN978-4-422-30042-9 C0030